中国主要重大生态工程固碳量评价丛书

中国退牧还草工程的固碳速率和潜力评价

石培礼 熊定鹏 逯 非 著

科学出版社

北 京

内 容 简 介

本书介绍了退牧还草工程概况及其固碳效益评估的意义，并总结归纳了退牧还草工程固碳评价的进展与方法，利用 Meta 分析揭示了退牧还草工程对草地碳库及植物多样性的影响，阐明了退牧还草工程区草地 NPP 变化及其对气候因子的响应，基于清查法建立了退牧还草工程区草地碳库基线，估算了退牧还草工程固碳量及工程区碳汇，明确了退牧还草工程固碳速率及潜力的空间格局，基于 IPCC Tier2 方法估算了退牧还草工程土壤固碳量，进一步分析了退牧还草工程固碳能力与生物环境因子的关系和不同管理措施下草地土壤固碳动态格局，并评估了退牧还草工程的综合成本效益。

本书可为草地生态系统管理、草地生态系统碳循环等研究领域的科技人员提供关于草地生态工程固碳评价理论和方法研究方面的参考资料，对国家和区域通过开展草地生态系统管理应对气候变化的战略行动计划实施和环境管理政策制定的相关人员也具有一定的参考价值。

审图号：GS 京(2022)1328 号

图书在版编目(CIP)数据

中国退牧还草工程的固碳速率和潜力评价 / 石培礼，熊定鹏，逯非著. —北京：科学出版社，2022. 11
(中国主要重大生态工程固碳量评价丛书)
ISBN 978-7-03-073887-5

Ⅰ. ①中… Ⅱ. ①石… ②熊… ③逯… Ⅲ. ①牧草-碳-储量-应用-牧区建设-研究-中国 Ⅳ. ①S812. 5

中国版本图书馆 CIP 数据核字（2022）第 219818 号

责任编辑：张　菊 / 责任校对：何艳萍
责任印制：吴兆东 / 封面设计：无极书装

科学出版社 出版
北京东黄城根北街 16 号
邮政编码：100717
http://www.sciencep.com
北京中科印刷有限公司 印刷
科学出版社发行　各地新华书店经销
*
2022 年 11 月第 一 版　开本：720×1000　1/16
2023 年 2 月第二次印刷　印张：13 1/4
字数：270 000
定价：158.00 元
(如有印装质量问题，我社负责调换)

丛书序一

气候变化已成为人类可持续发展面临的全球重大环境问题，人类需要采取科学、积极、有效的措施来加以应对。近年来，我国积极参与应对气候变化全球治理，并承诺二氧化碳排放力争于2030年前达到峰值，努力争取2060年前实现碳中和。增强生态系统碳汇能力是我国减缓碳排放、应对气候变化的重要途径。

世纪之交，我国启动实施了一系列重大生态保护和修复工程。这些工程的实施，被认为是近年来我国陆地生态系统质量提升和服务增强的主要驱动因素。在中国科学院战略性先导科技专项及科学技术部、国家自然科学基金委员会和中国科学院青年创新促进会相关项目的支持下，过去近10年，中国科学院生态环境研究中心、中国科学院沈阳应用生态研究所等多个单位的科研人员针对我国重大生态工程的固碳效益（碳汇）开展了系统研究，建立了重大生态工程碳汇评价理论和方法体系，揭示了人工生态系统的碳汇大小、机理及区域分布，评估了天然林资源保护工程，退耕还林（草）工程，长江、珠江流域防护林体系建设工程，退牧还草工程和京津风沙源治理工程的固碳效益，预测了其未来的碳汇潜力。基于这些系统性成果，刘国华研究员等一批科研人员总结出版了“中国主要重大生态工程固碳量评价丛书”这一重要的系列专著。

该丛书首次通过大量的野外调查和实验，系统揭示了重大生态工程的碳汇大小、机理和区域分布规律，丰富了陆地生态系统碳循环的研究内容；首次全面、系统、科学地评估了我国主要重大生态建设工程的碳汇状况，从国家尺度为证明人类有效干预生态系统能显著提高陆地碳汇能力提供了直接证据。同时，该丛书的出版也向世界宣传了中国在生态文明建设中的成就，为其他国家的生态建设和保护提供了可借鉴的经验。该丛书中的翔实数据也为我国实现“双碳”目标以及我国参与气候变化的国际谈判提供了科学依据。

谨此，我很乐意向广大同行推荐这一有创新意义、内容丰富的系列专著。希望该丛书能为推动我国生态保护与修复工程的规划实施以及生态系统碳汇的研究发挥重要参考作用。

方精云

北京大学教授

中国科学院院士

2022 年 11 月 20 日

丛书序二

生态系统可持续性与社会经济发展息息相关，良好的生态系统既是人类赖以生存的基础，也是人类发展的源泉。随着社会经济的快速发展，我国也面临着越来越严重的生态环境问题。为了有效遏制生态系统的退化，恢复和改善生态系统的服务功能，自 20 世纪 70 年代以来我国先后启动了一批重大生态恢复和建设工程，其工程范围、建设规模和投入资金等方面都属于世界级的重大生态工程，对我国退化生态系统的恢复与重建起到了巨大的推动作用，也成为我国履行一系列国际公约的标志性工程。随着国际社会对维护生态安全、应对气候变化、推进绿色发展的日益关注，这些生态工程将会对应对全球气候变化发挥更加重大的作用，为中国经济发展赢得更大的空间，在世界上产生深远的影响。

在中国科学院战略性先导科技专项及科学技术部、国家自然科学基金委员会和中国科学院青年创新促进会等相关项目的支持下，中国科学院生态环境研究中心、中国科学院沈阳应用生态研究所、中国科学院水利部水土保持研究所、中国科学院武汉植物园、中国科学院地理科学与资源研究所、中国科学院遗传与发育生物学研究所农业资源研究中心等单位的研究团队针对我国重大生态工程的固碳效应开展了系统研究，并将相关研究成果撰写成“中国主要重大生态工程固碳量评价丛书”。该丛书共分《重大生态工程固碳评价理论和方法体系》、《天然林资源保护工程一期固碳量评价》、《中国退耕还林生态工程固碳速率与潜力》、《长江、珠江流域防护林体系建设工程固碳研究》、

《京津风沙源治理工程固碳速率和潜力研究》和《中国退牧还草工程的固碳速率和潜力评价》六册。该丛书通过系统建立重大生态工程固碳评价理论和方法体系，调查研究并揭示了人工生态系统的固碳机理，阐明了固碳的区域差异，系统评估了天然林资源保护工程，退耕还林（草）工程，长江、珠江流域防护林体系建设工程，退牧还草工程和京津风沙源治理工程的固碳效益，预测了其未来固碳的潜力。

该丛书的出版从一个侧面反映了我国重大生态工程在固碳中的作用，不仅为我国国际气候变化谈判和履约提供了科学依据，而且为进一步实现我国“双碳”战略目标提供了相应的研究基础。同时，该丛书也可为相关部门和从事生态系统固碳研究的研究人员、学生等提供参考。

中国科学院院士

中国科学院生态环境研究中心研究员

2022 年 11 月 18 日

丛书序三

2030年前碳达峰、2060年前碳中和已成为中国可持续发展的重要长期战略目标。中国陆地生态系统具有巨大的碳汇功能，且还具有很大的提升空间，在实现国家“双碳”目标的行动中必将发挥重要作用。落实国家碳中和战略目标，需要示范应用生态增汇技术及优化模式，保护与提升生态系统碳汇功能。

在过去的几十年间，我国科学家们已经发展与总结了众多行之有效的生态系统增汇技术和措施。实施重大生态工程，开展山水林田湖草沙冰的一体化保护和系统修复，开展国土绿化行动，增加森林面积，提升森林蓄积量，推进退耕还林还草，积极保护修复草原和湿地生态系统被确认为增加生态碳汇的重要技术途径。然而，在落实碳中和战略目标的实践过程中，需要定量评估各类增汇技术或工程、措施或模式的增汇效应，并分层级和分类型地推广与普及应用。因此，如何监测与评估重大生态保护和修复工程的增汇效应及固碳潜力，就成为生态系统碳汇功能研究、巩固和提升生态碳汇实践行动的重要科技任务。

中国科学院生态环境研究中心、中国科学院沈阳应用生态研究所、中国科学院水利部水土保持研究所、中国科学院武汉植物园、中国科学院地理科学与资源研究所和中国科学院遗传与发育生物学研究所农业资源研究中心的研究团队经过多年的潜心研究，建立了重大生态工程固碳效应的评价理论和方法体系，系统性地评估了我国天然林资源保护工程，退耕还林（草）工程，长江、珠江流域防护林体系建设工程，退牧还草工程和京津风沙源治理工程的固碳效益及碳汇潜力，并基于这些研究成果，撰写了“中国主要重大生态工程固碳量评价丛书”。该丛书概括了研究集体的创新成就，其撰写形式独具匠心，论述内容丰富翔实。该丛书首次系统论述了我国重大生态工程的固碳机理及区域分异规律，介绍了重大生态工程固碳效应的评价方法体系，定量评述了主要重大生态工程的固碳状况。

巩固和提升生态系统碳汇功能，不仅可以为清洁能源和绿色技术创新赢得宝贵的缓冲时间，更重要的是可为国家的社会经济系统稳定运行提供基础性的能源安全保障，将在中国“双碳”战略行动中担当“压舱石”和“稳压器”的重要作用。该丛书的出版，对于推动生态系统碳汇功能的评价理论和方法研究，对于基于生态工程途径的增汇技术开发与应用，以及该领域的高级人才培养均具有重要意义。

值此付梓之际，有幸能为该丛书作序，一方面是表达对丛书出版的祝贺，对作者群体事业发展的赞许；另一方面也想表达我对重大生态工程及其在我国碳中和行动中潜在贡献的关切。

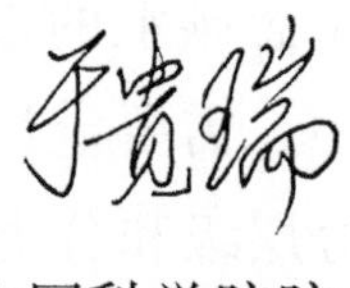

中国科学院院士

中国科学院地理科学与资源研究所研究员

2022 年 11 月 20 日，于北京

前　　言

工业革命以来，大气 CO_2 浓度不断攀升，以全球变暖为主要特点的全球气候变化严重威胁着社会经济发展与人类生存。如何控制大气温室浓度、减缓气候变暖的进程，成为科技界关注的核心问题。在过去十多年间，多种途径与机制被提出用以减缓气候变化的进程、应对其带来的负面影响，其中提升陆地生态系统碳汇能力已成为一种国际公认的重要减排策略和途径。这也促使与陆地生态系统碳循环相关的科学问题成为国际研究热点。

2020 年 9 月 22 日，我国政府在第七十五届联合国大会上提出："中国将提高国家自主贡献力度，采取更加有力的政策和措施，二氧化碳排放力争于 2030 年前达到峰值，努力争取 2060 年前实现碳中和。"2021 年 10 月 26 日，国务院印发的《2030 年前碳达峰行动方案》的"碳达峰十大行动"中强调，要巩固生态系统固碳作用，提升生态系统的碳汇能力。2022 年 1 月 24 日，在主持中共中央政治局第三十六次集体学习时，习近平指出，要推进山水林田湖草沙一体化保护和系统治理，巩固和提升生态系统碳汇能力；3 月 30 日，在首都义务植树活动现场，他再次强调，要科学开展国土绿化，提升林草资源总量和质量，巩固和增强生态系统碳汇能力，并提出"林草兴则生态兴"。这些指导性方针和文件都强调了林草业提升生态系统固碳能力的重要性。

草地是地球上分布最为广泛的陆地生态系统之一，覆盖了约 40% 的全球陆地面积。草地生态系统除了能够提供各种畜牧产品外，还具有调节气候、涵养水源、保持水土、防风固沙、维持生物多样性、碳蓄积与碳汇等多种功能。超过10%的陆地植被碳库和高达30%的土壤有机碳库储存于草地生态系统。大量事实表明，随着各类优化的草地管理及生态工程措施的实施，草地碳储量能持续有效地得到提升，特别是通过实施生态工程，退化草地在恢复过程中具有巨大的固碳潜力。然而，长期以来，对草地碳汇的研究远没有得到像森林碳汇那样的重视和关注。

我国是一个草地资源大国，草地的分布十分广泛，跨越热带、亚热带、温带等多种自然地带。我国广阔的草原不仅是重要的畜牧业生产基地，为社会经济发展提供必要的物质资源，也在保障我国生态安全中发挥着重要的屏障作用。草地生态系统长期以来面临并承受着巨大的开发利用压力。在我国绝大多数地区，牲畜数量都大大高于草地的正常承载能力，在长期的超载过牧、草原开垦等人类活动的影响下，我国部分草原生产功能逐步丧失，草地生产力不断下降，草原退化现象严重，干旱、鼠虫害等时有发生，严重影响了我国畜牧业的可持续发展，威胁了我国经济社会的可持续发展和国家生态环境安全，并引起了土地退化、水土流失、沙尘暴等一系列的环境问题，受到政府和社会各界的广泛关注。2003年1月10日，国务院西部地区开发领导小组办公室、农业部召开退牧还草工作电视电话会议，进而全面启动退牧还草工程，工程初期实施范围包括内蒙古、新疆、青海、甘肃、四川、宁夏、云南、西藏8个省（自治区）及新疆生产建设兵团。

我国草地生态系统面积占全世界草地总面积的6%以上，而碳储量占全球草地生态系统碳储量的比例高达9%以上，因此，我国草地碳库的任何微小变化都可能对全球碳循环和区域气候产生深远影响。我国实施退牧还草工程的本质原因是期望通过建设草原围栏和补播草种等方式，达到解决超载过牧问题、促进草畜平衡、遏制草地的持续退化趋势、促进草地植被恢复、改善草原生态环境、促进草原生态与畜牧业协调发展等多重目标。此外，生态工程措施在恢复草地植被生产力的同时，也会改变草地碳循环过程，增加草地生态系统碳储量，具有巨大的固碳潜力。截至 2014 年，退牧还草工程建设面积已超过 8000 万 hm^2。大范围工程措施的实施，改变了草地利用方式和强度，从而在整个区域尺度上对草地碳库产生深远影响。然而，退牧还草工程的固碳减排效益还一直缺乏综合性评估。

本书共 11 章，由石培礼制定大纲并统筹全书的撰写工作，由熊定鹏撰写主要章节内容，由逯非修订、完善书稿。第 1 章和第 2 章介绍了退牧还草工程概况及其固碳效益评估的意义，并总结归纳了退牧还草工程固碳评价的进展与方法，由石培礼、熊定鹏、逯非撰写；第 3 章利用 Meta 分析揭示了退牧还草工程对草地碳库及植物多样性的影响，由熊定鹏、石培礼撰写；第 4 章阐明了退牧还草工程区草地 NPP 变化及其对气候因子的响应，由石培礼、熊定鹏撰写；第 5 ~ 第 7 章基于清查法建立了退牧还草工程区草地碳库基线，估算了退牧还草工程固碳量及工程区碳汇，明确了退牧还草工程固碳速率及潜力的空间格局，由熊定鹏、石培礼、逯非撰写；第 8 章基于 IPCC Tier2 方法估算了退牧还草工程土壤固碳量，由熊定鹏、石培礼、逯非撰写；第 9 ~ 第 11 章进一步分析了退牧还草工程固碳能力与生物环境因子的关系和不同管理措施下草地土壤固碳动态格局，并评估了退牧还草工程的综合成本效益，由熊定鹏、石培礼、逯非撰写。

本书在撰写过程中得到了中国科学院战略性先导科技专项课题（XDA05060700）及任务（XDA2601010302）、西藏自治区重大科技专项（XZ202101ZD0007G）、国家自然科学基金项目（31870406，72174192）及中国科学院青年创新促进会优秀会员项目等项目的支持与帮助，以及中国科学院地理科学与资源研究所、中国科学院生态环境研究中心和中电建生态环境集团有限公司的大力支持，在此表示衷心感谢！

本书的写作目的是为国内草地生态系统管理、草地生态系统碳循环等研究领域的科技人员提供关于草地生态工程固碳评价理论和方法研究方面的参考资料，对国家和区域通过开展草地生态系统管理应对气候变化的战略行动计划实施与环境管理政策制定具有一定的参考价值。鉴于草地生态工程固碳评价的复杂性及作者知识和能力的限制，书中难免存在疏漏和不足之处，敬请读者不吝赐教！

作　者

2022 年 7 月

目　　录

第1章 退牧还草工程概况及其固碳效益评估的意义

1.1 退牧还草工程的实施背景

草地是地球上分布最为广泛的陆地生态系统之一，总面积为$4.1\times10^9\sim5.6\times10^9\ hm^2$，占全球陆地面积的31%～43%（White et al., 2000）。草地生态系统除了能够提供各种畜牧产品外，还具有调节气候、涵养水源、保持水土、防风固沙、维持生物多样性、碳蓄积与碳汇等多种功能（赵同谦等，2004）。我国是一个草地资源大国，拥有各类天然草原近$4\times10^8\ hm^2$，约占全球草原面积的13%，约占国土面积的41%，仅次于澳大利亚，居世界第二位（陈佐忠和汪诗平，2000）。我国草地的分布十分广泛，跨越热带、亚热带、温带、高原寒带等多种自然地带，其中北方干旱、半干旱温带草地区和青藏高原高寒草地区域是天然草地的两大主要分布区域，两者面积之和约占我国草地总面积的80%（中华人民共和国农业部畜牧兽医司，1996）。西藏、内蒙古、新疆、青海、四川和甘肃六省（自治区）是我国的六大牧区，草原面积约占全国草原总面积的75.1%（中华人民共和国农业部畜牧兽医司，1996）。我国广阔的草原不仅是重要的畜牧业生产基地，为社会经济发展提供必要的物质资源，也对我国生态安全具有重要的屏障作用。

从草地总面积来看，我国草地资源是世界草地资源最多的国家之一，但人均占有面积不及世界平均水平的 1/2（Liu and Diamond, 2005），草地生态系统长期以来面临并承受着巨大的开发利用压力。在我国绝大多数地区，牲畜数量都大大高于草地的正常承载能力，部分地区的超载率甚至达 150% ~ 300%（Chen et al., 2007；Han et al., 2008）。在长期的超载过牧，草原开垦等人类活动的影响下，我国部分草原生产功能逐步丧失，草地生产力不断下降，草原退化现象严重，干旱、鼠虫害等时有发生，严重影响了我国经济社会的可持续发展和国家生态环境安全（章力建和刘帅，2010）。根据 Wang 和 Han（2005）的研究，我国草地退化始于 20 世纪 60 年代末期，并以每年 15% 的平均速度不断扩大，到 90 年代，退化草地面积达 50% 以上。90 年代至 21 世纪初的 10 年间，我国草地的退化程度和范围都呈加速发展态势，到 2000 年左右，我国 90% 以上的天然草原都有不同程度的退化，其中中度以上的退化草地面积占半数以上（Liu and Diamond, 2005；Han et al., 2008；章力建和刘帅，2010）。

大幅度退化的草地退化严重威胁了我国畜牧业的可持续发展，引起了土地退化、水土流失、沙尘暴等一系列的环境问题，受到政府和社会各界的广泛关注，成为需要迫切解决的环境课题和生态建设任务。2001 年 8 月，全国政协民族宗教委员会与科技部就草原退化问题赴新疆、内蒙古进行调研后，认为“退牧”能够有效地解决草原生态问题。因而起草了《关于进一步支持新疆、内蒙古两地发展生态畜牧业的意见和建议》，正式建议国家参照黄土高原地区“退耕还林”的办法，在西北部牧区实施“退牧还草”政策，并对边疆民族地区和经济不发达地区在实施这一政策过程中蒙受短期经济损失的牧区群众给予经济补贴等支持。此后，在广泛的调研工作基础上，一系列政策建议和政府文件陆续出台，为全面实施退牧还草工程奠定了理论和现实基础。2003 年 1 月 10 日，国务院西部地区开发领导小组办公室、农业部召开退牧还草工作电视电话会议，进而全面启动退牧还草工程，工程初期实施范围包括内蒙古、新疆、青海、甘肃、四川、宁夏、云南、西藏 8 个省（自治区）以及新疆生产建设兵团。

1.2 退牧还草工程的目的和主要内容

牧还草工程主要目的是通过围栏建设（禁牧、休牧、划区轮牧）、草地补播等工程措施，解决超载过牧问题，改善和恢复草原生态环境，提高草原生产力，转变草原生产方式，促进草原生态与畜牧业协调发展。其中，禁牧是指草地退化严重，生态环境恶劣而不利于人类居住的地区和特殊环境保护区，通过易地搬迁等措施，让人类活动有意识地从生态脆弱区域退出从而保证自然界的再生产获得良好的条件，并通过自然界自身的代谢能力实现脆弱生态的重新修复的一种措施；休牧是将退化草地和生态脆弱区在一定的时间内禁止放牧的草地管理方法，按照牧草利用率不超过 40% 的原则严格控制草地载畜量进行有序利用，将超过载畜量的草场按要求严格减畜；划区轮牧，指按照牧草生长速度、产草量及放牧牲畜数量将草场划分成小区，轮流放牧；补播改良，指选择适宜的优质草种，采用单播、混播和建设人工草地等方式进行补播（聂学敏，2008）。

退牧还草的主要政策措施包括：①进一步完善草原家庭承包责任制，把草场生产经营、保护与建设的责任落实到户。②根据草场资源状况和草场承载量，实行以草定畜，严格控制载畜量。③在资金投入上实行国家、地方和农牧户相结合的方式，以中央投入带动地方和个人投入，多渠道保证投入，国家对退牧还草给予必要的草原围栏建设资金补助和饲料粮补助。④国家将工程建设任务分解到省，逐年下达任务，各省份将目标、任务、责任分别落实到市、县、乡各级人民政府，建立地方各级政府责任制。以上政策和工程措施相结合，从而达到优化畜草产业结构，恢复草原植被，实现畜牧业的可持续发展，确保农牧民的长远生计的目标。

退化还草工程的主要内容为，从2003年开始，在蒙甘宁西部荒漠草原、内蒙古东部退化草原、新疆北部退化草原和青藏高原东部江河源草原，先期集中治理10亿亩（约0.67亿 hm^2），约占西部地区严重退化草原的40%。在实施退牧还草工程期间，国家将配套给予农牧民必要的草原围栏建设资金、补播草种费和饲料粮资金补助。力争促使工程区内退化的草原得到基本恢复，天然草场得到休养生息，达到草畜平衡，实现草原资源的永续利用，建立起与畜牧业可持续发展相适应的草原生态系统。随着退牧还草工程的不断进行，工程任务范围不断扩大，总体上，北方地区和青藏高原地区是工程实施的重点区域，主要包括内蒙古、甘肃、宁夏、新疆、西藏、青海、四川7个省（自治区）。

1.3 退牧还草工程实施面积核定

1.3.1 基于统计资料的工程面积

基于原农业部下达的退牧还草工程历年建设任务，结合实地调研和部分GPS实施定位图，对工程启动（2003年）至2014年期间的实施面积进行了核定。结果表明，截至2014年，退牧还草工程约累计投入中央资金近200亿元，全国共计实施退牧还草约8555万 hm^2，2003～2014年历年工程实施面积分别为666.7万 hm^2、600万 hm^2、866.7万 hm^2、1299.2万 hm^2、687.9万 hm^2、682.3万 hm^2、682.4万 hm^2、942.7万 hm^2、596.3万 hm^2、586.5万 hm^2、522.3万 hm^2、422.4万 hm^2（图1-1）。

其中，内蒙古、四川、西藏、青海、甘肃、宁夏、新疆七省份的

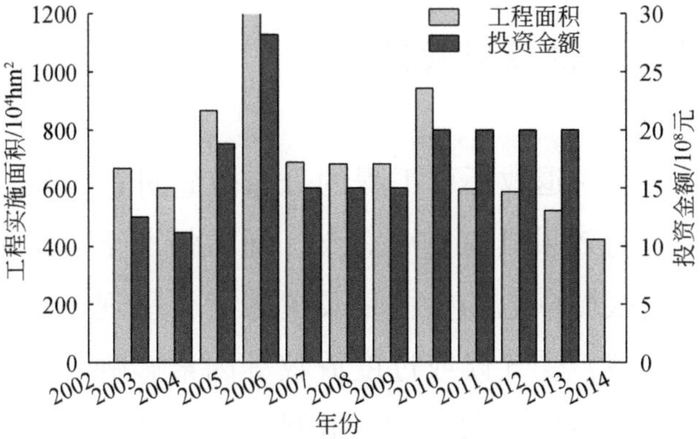

图 1-1　退牧还草工程历年实施面积和资金投入

实施面积约为 8322 万 hm^2，占全国工程总面积的 97%，以上各省份实施面积分别为 2208 万 hm^2、1075.5 万 hm^2、894.2 万 hm^2、1173 万 hm^2、969.7 万 hm^2、206.1 万 hm^2、1795.4 万 hm^2（图 1-2）。内蒙古、新疆的工程实施面积最大，两者之和达 4003 万 hm^2，接近工程总面积的 1/2。不同工程措施的实施面积来看，围栏建设总面积为 6787 万 hm^2，其中禁牧围栏 2622 万 hm^2，休牧围栏 3700 万 hm^2，划区轮牧围栏 430.6 万 hm^2；退化草原补播改良 1768 万 hm^2；岩溶地区草地治理试点 34.7 万 hm^2。

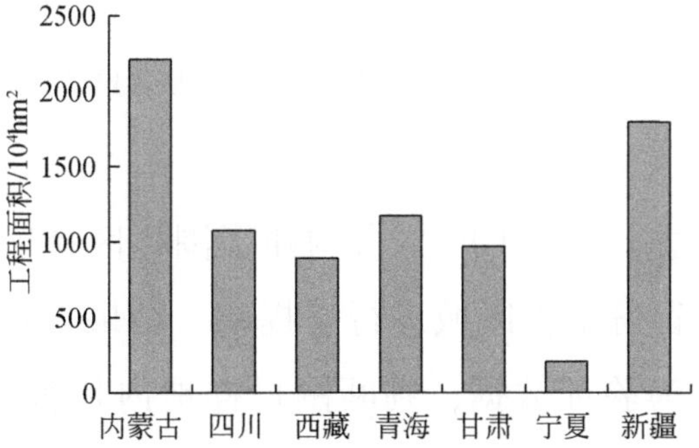

图 1-2　各省份退牧还草工程实施面积

1.3.2 工程面积的遥感解译

利用遥感产品对退牧还草工程的分布位置进行识别，对于评价研究退牧还草工程的效果具有重要意义。通常情况下，实施退牧还草工程以后，围栏内区域草地的生物量及覆盖度会呈现逐年上升的变化趋势。而未围栏区域，受气候或过度放牧等因素影响其年际变化曲线呈现上下波动或逐年下降趋势。归一化植被指数 NDVI 可以很好地反映地表植被的繁茂程度，在一定程度上能代表地表植被覆盖变化，是目前常用于植被监测的遥感指数。因此，我们利用2000 ~ 2010 年MODIS-NDVI 遥感数据产品，以年为单位逐栅格研究草地生物量时间序列的变化趋势，辅助以相关限制因子，建立模型，在区域尺度上对实施退牧还草工程项目的区域进行了识别（图 1-3）。

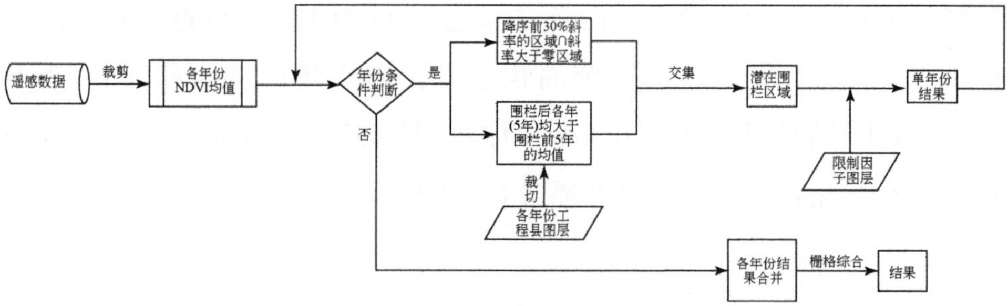

图 1-3　退牧还草工程面积遥感解译模型

根据上述方法，基于 GIS 平台构建了围栏区域遥感解译模型，对退牧还草工程八省份工程区域进行了提取。结果显示，已目视解译得到的工程样地作为验证数据，判断围栏样地内是否为解译结果像元，结果显示有 23 个围栏处于解译结果内，解译结果正确率为 65.6%。根据解译结果，截至2009 年，工程区围栏面积为4244 万 hm^2；从不同省份工程实施面积比例来看，遥感解译结果与统计资料核定结果相一致。但是，在解译过程中，我们发现模型模拟结果受到数据质量、限制因子设定、阈值设定以及气候因子的影响，具有很大的不确定性。实际情况下，利用本模型，恢复效果比较明显的工程区域可以轻易地被识别出来，恢复效果不明显的区域可能会被忽略。此外，对于那些气候变化波动明显、土地利用方式转变以及监管不严或严重损坏的区域，本模型难以解译识别。因此，对于在对退牧还草工程固碳效益的评估过程中，利用遥感解译结果进行综合评价可能会产生较大偏差的区域，其面积数据仍以经核定的统计资料为准。

第2章 退牧还草工程固碳评价的进展与方法

2.1 退牧还草工程固碳评估的意义

工业革命以来，大气 CO_2浓度不断攀升，以全球变暖为主要特点的全球气候变化严重威胁着经济社会发展与人类生存。如何减缓气候变化的进程，控制大气温室浓度，成为科技界关注的核心问题。在过去十多年间，多种途径与机制被提出用以减缓气候变化的进程及其带来的影响，其中增加陆地生态系统碳汇能力已成为一种国际公认的重要减排策略和途径（张小全等，2009）。这也促使与陆地生态系统碳循环相关的科学问题成为国际研究热点。长期以来，大多学者认为森林碳汇对于降低大气温室气体浓度，减缓全球气候变化具有重要作用（Ciais et al.，2008；Goodale et al.，2008；Pan et al.，2011），对草地碳汇却缺乏明确的界定（IPCC，2000；2001）。草地生态系统是陆地生态系统中分布最广的生态系统类型之一，覆盖了约 40% 的全球陆地面积（White et al.，2000），约超过 10% 的陆地植被碳库和高达 30% 的土壤有机碳库储存于草地生态系统（Anderson，1991；Derner et al.，2006）。大量事实表明，随着各类优化的草地管理以及生态工程措施的实施，草地碳储量在持续增加，草地生态系统特别是退化草地具有巨大的固碳潜力（Conant and Paustian，2002；Lal，2004）。根据 Conant

和 Paustian（2002）的估算，仅采用最为普遍的草地恢复措施，全球过度放牧草地的年均固碳量约为 45Tg/a。

我国拥有约 4×10^8hm^{2}的草地，占世界草地总面积的 6% 以上，而碳储量占全球草地生态系统碳储量的比例高达 9% 以上（Ni，2002），因此我国草地碳库任何微小变化都可能对全球碳循环和区域气候产生深远影响。我国实施退牧还草工程的本质原因是期望通过建设草原围栏和补播草种等方式，达到解决超载过牧问题，促进草畜平衡，遏制草地的持续退化趋势，促进草地植被恢复，改善草原生态环境，促进草原生态与畜牧业协调发展等多重目标。而且，工程措施在恢复草地植被生产力的同时，还会改变草地碳循环过程，增加草地生态系统碳储量，具有巨大的固碳潜力。截至 2014 年，退牧还草工程建设面积已超过 8000 万 hm^2（中华人民共和国农业部，2015）。大范围工程措施的实施，改变了草地利用方式和强度，从而在整个区域尺度上对草地碳库产生深远影响。然而，退牧还草工程的固碳减排效益还一直缺乏综合性评估，目前仅有一些基于样点尺度的零星报道（王静等，2008；王岩春等，2008），工程的固碳速率和固碳潜力也并不清楚，因而不能准确认识其在应对全球气候变化中的重要作用。国内外有关草地管理/工程措施的固碳速率及效应评估实践表明，生态工程固碳效应的估算结果因工程及区域特征、数据完整性、固碳计量方法等方面的差异而表现出较大差别（Conant et al.，2001；Olge et al.，2004；卢鹤立，2009；张良侠等，2014）。因此，如何从我国的实际出发，建立适合我国退牧还草工程固碳速率和潜力的评估方法，对工程的固碳效应进行统一和准确的评估，显得尤为必要和迫切。开展退牧还草工程固碳速率、潜力评估研究，形成增强草地固碳潜力的适应性管理和工程措施，不但能够为我国草地生态系统的碳汇管理提供理论依据，还能为我国气候变化及碳贸易谈判提供科学基础和数据支撑，是应对气候变化需要迫切解决的科学问题。

2.2 不同工程措施对草地生态系统碳库的影响综述

2.2.1 围栏建设对草地生态系统碳库的影响

围栏封育作为一种简单而有效的手段被广泛地应用于退化草地的植被恢复（Spooner et al.，2002）。而围栏管理的实施也会改变放牧条件草地生态系统的碳循环过程，退化草地在恢复过程中也具有一定的固碳潜力（Conant and Paustian，2002）。但围封对草地生态系统的碳储量的影响表现出一定的不确定性。

植被生产力与生物量是反映生态系统功能效应的重要指标，各种草地管理措施对草原生态系统的影响首先表现为对生态系统植物生物量结构和生产力的影响（陈佐忠和汪诗平，2000）。植被生物量碳库不仅是生态系统碳库的重要组成部分，也是土壤有机碳库最主要的输入来源（Schlesinger，1977）。草地植被碳库由地上生物量碳库、凋落物碳库和地下生物量碳库三部分组成。通常情况下，围封可以提高植被盖度、增加具有更高凋落物产量的物种的比例（Fornara and Du Toit，2008），排除牲畜对凋落物的采食，从而有效地增加草地地上凋落物生物量。围栏封育对草地地上部分生物量既存在促进作用，也存在抑制作用。许多研究表明放牧会对草地地上生产力产生负面效应（Biondini et al.，1998；McIntosh and Allen，1998；Wu et al.，2009），因为过度的牲畜采食会从草地中移除大量的植物茎和叶生物量（Semmartin et al.，2008），碳同化器官的减少降低了植物从大气中固定的二氧化碳量，从而对植物生长产生不利影响（高永恒等，2008）。而围封能够有效地排除放牧干扰，使得原有的生长受到过度放牧抑制和削弱的群落得以休养生息，促进幼苗萌发和生长从而提高草地生产力（闫玉春等，2009）。例如，Niu 等（2011）在中国温带荒漠草原的研究发现，7 年的围封样地地上部分植物生物量显著高于与其相邻的放牧样地。McIntosh 等（1997）对新西兰高草草原的研究也表明，围封有效地恢复了植被生产力，地上生物量较之放牧地提高了约 2 倍。然而，围封对草地地上生物量也存在一定的抑制作用。由于许多草本植物的分生组织位于其基部，使其具有在放牧压力下恢复生物量的潜力（Hawkes and Sullivan，2001）。部分研究也发现一些草地植物种在放牧压力下能够产生补偿性生长（compensatory growth）或超补偿性生长（over-compensatory growth）（McNaughton，1979；De Mazancourt et al.，1998；Liu et al.，2012）。植物的补偿性生长还受资源条件的影响，高资源环境能够促进单子叶植物分生组织的生长，而双子叶植物则在低资源条件下更容易发生补偿性生长（Hawkes and Sullivan，2001）。但关于草本植物种能否重新恢复或是超过其被采食之前的生物量（超补偿性生长是否发生）（Belsky，1986；Belsky et al.，1993），且这种个体水平的响应能否扩展到群落水平（Belsky，1987），仍然存在较大的争论。同时，大量的报道超补偿性生长现象的研究均为控制性实验，忽略了在自然条件下各种环境因素（光照、温度、水分、养分等）变化带来的影响（McNaughton，1985；Belsky，1987；Leriche et al.，2001）。有研究表明，放牧提高了土壤氮素的可利用性（Holland et al.，1992）、促进牧草的光合能力（Oesterheld and McNaughton，1991），牲畜对凋落物的采食改善冠层辐射状况（Belsky，1986），使得植物发生补偿性生长而恢复其损失的生物量。而围栏封育限制了植物种在放牧条件下这种补偿性生长机制的发生，其过高的盖度导致光能可利用性降低（Oesterheld and McNaughton，1991）、冠层蒸腾增强（Archer and Detling，1986），大量的凋落物和立枯降低植物生产的周转率（Risser，1993），影响资源的利用效率（Altesor et al.，2005）。由于正反两种影响机制的相互作用，地上生物量对围封的响应表现出不一致的结果。

有关草地地下生物量碳库对围封响应的研究较少，通常放牧会对草地地下部分生物量产生不利影响，因为地上光合同化器官被牲畜采食后，分配给地下部分的碳也随之减少，导致地下生物量下降（高永恒等，2008）。同时在放牧压力下，植物种倾向于将更多的物质分配给地上部分，因此围封会显著地提高草地地下生物量碳库（McIntosh et al.，1997；Wu et al.，2010）。Johnson 和 Matchett（2001）在高草草原的研究发现围栏样地的地下生物量明显高于放牧样地，这是由于放牧增加了氮循环及其可利用性，使得植物生长受到碳限制而将更少的碳分配给根系，进而抑制了根系的生长。但也有研究发现，围封后，地下生物量并没有发生变化（McNaughton et al.，1998；Pucheta et al.，2004）。而 Frank 等（2002）在美国黄石公园的研究表明，与围栏禁牧样地相比，放牧约增加 35% 的地下生产力。并认为以下三个原因导致这样结果：围封样地内植物种茎生物量比例过大且自我遮阴现象严重，导致维持自身呼吸消耗大大高于放牧地，进而减少了用于生长的光合同化物质比例（McNaughton，1984）；在放牧地，动物迁徙似的采食行为使得草地有足够的时间休养生息（Frank et al.，1998）；同时放牧可能提高土壤有效态氮含量（Frank and Groffman，1998），也有利于提高植物生产力（Holland et al.，1992）。Milchunas 和 Lauenroth（1993）综合地定量地分析全球范围内 236 个样点尺度有关围栏 vs. 放牧的研究结果，发现围封对地上生产力和地下生物量并没有产生显著的影响。

土壤在草地生态系统碳循环及碳固持中有着十分重要的作用（Tiessen et al.，1994；Lal，2004；Piao et al.，2009），绝大部分的草地碳库都储存于土壤之中（Ni，2001）。因此理解围栏封育如何影响碳从植物进入土壤，再通过土壤到达大气圈和水圈，对于估算草地生态系统的碳库变化有十分重要的意义。碳元素通过光合作用产物进入土壤，又以土壤呼吸、土壤侵蚀，有机质淋溶等方式离开土壤系统（Tanentzap and Coomes，2012）。草地生态系统土壤有机碳库的大小主要决定于碳的输入，包括地上部分碳输入（地上凋落物、立枯以及牲畜粪便返还）（De Deyn et al., 2008）和地下部分碳输入（死根、根系分泌物等）（Langley and Hungate, 2003; Zhou et al., 2007），以及碳的输出（土壤呼吸、土壤侵蚀、淋溶等）（Hiernaux et al., 1999; Johnson and Matchett, 2001）。

凋落物是土壤碳最主要的输入源之一（Houghton, 2007），凋落物生物量、品质及其降解的速率的变化会对土壤碳储量产生显著的影响（Moretto et al., 2001）。虽然围封能够有效地提高凋落物产量，但不同的研究结果表明凋落物的品质可能出现不一致的变化。许多研究发现，在高度放牧压力下，许多草地植物种将更多的叶片生物量投入到叶鞘生长中（McNaughton, 1984; Jaramillo and Detling, 1988; Coughenour et al., 2008），提高了凋落物的品质及其分解速率（Semmartin and Ghersa, 2006）。但围封也可能加速凋落物的分解，通常导致可食性牧草比例增加，而可食性牧草的凋落物比不可食性牧草的凋落物具有更高的品质和分解速率（Moretto et al., 2001; Moretto and Distel, 2002）。

草地生态系统中，植物地下生物量也是土壤碳库重要来源之一。植物的根系生物量、周转速率，以及有机质生产能力都会对土壤碳库产生深远的影响。一些在北美大草原的研究表明，围封样地的土壤碳储量没有变化或是低于重度放牧草地，这主要是由于重度放牧并未引起土壤侵蚀，但导致了具有较浅根系和较高有机质生产力的 C4 植物格兰马草的增加（Frank et al., 1995; Schuman et al., 1999）。然而，高永恒等（2008）在我国高寒草甸进行的研究却发现，围封使得多年生禾草和莎草量大量增加，这些草本植物种的根系具有较高有机质生产能力，因而显著地增加了土壤有机碳储量。

除此之外，在放牧地，牲畜的粪便返还也是土壤碳的输入源之一。动物的排泄物会影响土壤养分循环和微生物活动（Bardgett and Wardle, 2003），但影响结果通常具有一定的可变性，因为放牧行为在空间上通常分布不均匀且牲畜的采食与放牧地的生产力有关（Singer and Schoenecker，2003）。但与被动物带走的碳库相比，排泄物的碳归还仅仅占很小一部分（Butler and Kielland，2008；Fornara and Du Toit，2008）。

土壤呼吸是碳输出的主要方式之一，围封往往会改变土壤温度和水分含量（Bardgett and Wardle，2003；Gornall et al.，2007），进而影响土壤微生物活动和土壤呼吸作用。然而土壤呼吸能够在多大程度影响土壤碳库对围栏措施的响应，仍然没有比较清晰的结论，需要进一步加强相关研究。

在样点尺度上，过去大量的有关围栏 vs 放牧的对比性实验研究并没有表现出一致性的结果。围封对草地土壤有机碳库既可能产生积极的影响（Pei et al.，2006；He et al.，2008；Slimani et al.，2010；Mekuria and Veldkamp，2012），也可能产生负面的影响（Schuman et al.，1999；Wienhold et al.，2001；Reeder and Schuman，2002）。一般来讲，围封导致土壤碳库增加的机制包括以下几个方面：放牧导致的生物量移除减少了来自地上部分和根系生物量的碳输入（Johnson and Matchett 2001），围封则有效地排除了这种干扰；过度放牧对土壤团聚体结构的破坏和牲畜踩压造成表层土壤板结，增强了有机质的分解并使得土壤更容易受到侵蚀（Hiernaux et al.，1999；Belnap，2003；Neff et al.，2005），围栏使得草地盖度增加，减少了土壤侵蚀的发生；围栏样地内可食性牧草比例提高，其凋落物具有较高的分解速率，增加了来自地上部分的碳输入（Partzsch and Bachmann，2011）。而围封对土壤有机碳贮存的负面机制则表现在：过多的凋落物阻碍了碳在生态系统的流通，降低了分解效率（Reeder et al.，2004）；尽管放牧导致生物量减少但增加了生产率以及周转效率（Conant et al.，2001）；放牧导致物种组成改变，与围封样地相比，出现更多的 C4 植物种，这些植物通常具有较高的有机质生产能力（Frank et al.，1995；

Schuman et al., 1999)。

由于大量不一致的研究结果的出现，不少学者在全球或区域尺度对围封和放牧的对比性实验结果进行了综合的分析。Milchunas 和 Lauenroth（1993）在全球尺度上定量地综合分析了草地地上生产力、根系生物量、土壤碳氮含量对放牧的响应，但并未总结出一致的结果。Conant 等（2001）在全球范围内收集数据，综合研究了草地管理对土壤固碳潜力的影响，结果表明在干热气候条件下，特别是在具有较高潜在蒸散的地区，放牧倾向于增加土壤碳含量。但 Wang 等（2011）对中国草地的分析表明，与放牧样地相比，围封提高了 33% 的土壤碳含量。可见，在不同地区、不同情境下土壤碳含量对围封可能存在不同的响应机制。

水分是自然草地生态系统植物生长最主要的限制因子（St Clair et al., 2009），而降雨量则是改变生态系统对草地管理响应的主要因子之一（Conant and Paustian, 2002）。Derner 和 Schuman（2007）综合分析了北美大草原围封与放牧的对照实验结果，发现草地土壤有机碳库随年均降雨量的增加而增加，而围封所导致的土壤有机碳库变化也表现出同样的趋势。有研究表明，对高寒草地生态系统来讲，气候因子是除了放牧干扰以外驱动地上生产力变异的主要因素（Klein et al., 2004; Akiyama and Kawamura, 2007）。而部分在蒙古国的研究表明，在干旱或半干旱放牧地，降雨变异才是影响草地生态系统的主要因子（Sasaki et al., 2009; Wesche et al., 2010）。不同的取样深度也可能是影响对比性实验结果的原因之一。例如，Schuman 等（1999）研究发现，与围封样地相比，放牧增加了 0 ~ 30cm 土壤有机碳储量，但 0 ~ 60cm 土壤碳库却没有发生变化。土壤碳对围封响应的不一致可能是由于一系列因素的影响，例如气候因子、植被物种组成以及放牧历史（Milchunas and Lauenroth, 1993），而季节性的放牧频率、放牧强度以及持续时间也会对研究结果产生影响（Naeth et al., 1991; Reeder and

Schuman, 2002)。除此之外，野外实验进行前草地生态系统的初始状态可能是一个极为重要的因素。因为以往报道围封对草地生态系统产生负效应的研究大多是在未退化的草地上进行的实验（Schuman et al., 1999；Frank et al., 2002；Reeder and Schuman, 2002），而报道了正效应的研究地点多为退化草地，如 Mekuria 和 Veldkamp（2012）在森林砍伐后出现的草地上进行的实验，以及中国学者在退化高寒草甸（Wu et al., 2010）、退化温带草原（Su et al., 2005）上进行的研究。

2.2.2 人工草地建设

对因长期过度放牧或草原开垦而形成的重度退化草地而言，仅依赖生态系统自身的修复能力进行草地恢复是不够的，必须辅助以其他人工恢复和草地重建措施。人工草地建设主要通过补播优良草种如豆科、禾本科牧草的方式促进草本植物群落恢复，提高草原生产力和改善土壤养分状况（冯瑞章等，2007；曹子龙等，2009；郑华平等，2009）。大量研究表明，在不同原因引起的退化草地上进行人工草地建设，例如退化放牧地、沙化草地、开垦的田地等等，能够有效地提高草地地上产草量（Burke et al., 1995；郑华平等，2009；冯忠心等，2013），增加群落根系生物量（王长庭等，2007；李娜娜，2014），恢复土壤质量以及增加土壤有机碳储量（Wang et al., 2005；Su, 2007；Shang et al., 2008；Feng et al., 2010）。一些综合性的分析也表明，建植人工草地在恢复退化草地植物群落的同时也具有较大的固碳效应。Conant 等（2001）基于全球尺度实验数据的综合研究表明引种豆科牧草的土壤固碳速率达 0.75Mg/(hm^2 · a)，在耕地上建植人工草地的固碳速率更是达到 1.01Mg/(hm^2 · a)。石峰等（2009）对我国成对实验研究数据的 Meta 分析表明，草种补播显著提高了群落生物量和土壤碳储量，补播管理下草地土壤固碳速率约为0.9Mg/(hm^2 · a)。

在我国，建设人工草地被作为一种重要的草地恢复技术措施，种植草种包括苜蓿、披碱草、老麦芒等禾本科优质牧草，主要目的是增加牧草产量，提高植物群落稳定性，但同时也具有巨大的固碳效应。一些学者在黄土高原半干旱地区的研究发现，在退耕地建植苜蓿人工草地具有较高的固碳速率和潜力（Jiang et al.，2006；李裕元等，2007；邓蕾，2014）。赵娜等（2014）对内蒙古锡林河流域典型草原的研究也表明，人工种植苜蓿和羊草草地的土壤碳储量均显著地高于邻近退化草地。在高寒地区，主要以禾本科披碱草为主进行人工草地建设，尤其是严重退化形成的高寒“黑土滩”，多年生披碱草草地的建植能够明显加速退化草地的恢复过程，显著提高群落生物量，促进土壤养分循环并增加土壤有机碳储量（魏学红等，2010；许涛，2013）。

2.3 退牧还草工程固碳评估的主要方法

2.3.1 Meta 分析方法

Meta 分析是指对同一主题的相互独立的多个研究结果进行综合定量分析的统计方法（Hedges and Olkin，1985）。Meta 分析的主要步骤包括通过构建合适的效应值（effect size）对独立实验的结果进行标准化，选择合适的统计模型进行计算，并对最终结果综合分析和解释（Gurevitch and Hedges，2001）。Meta 分析提供了一种纵观全局的工具，能够在更大的时空尺度上回答单个样点研究无法完全回答的问题（雷相东等，2006）。在针对土地利用/土地未利用变化和造林/再造林等人为管理活动对生态系统碳储量影响的研究中，基于单一样点的研究结果往往仅能代表该地点特定生物、环境条件下的碳库变化规律，因此，Meta 方法提供了一种很好的途径，用于定量评估区域或全球尺度下土地利用变化和生态工程措施对陆地生态系统碳库的影响。例如，Guo 和 Gifford（2002）使用 Meta 分析方法总结了全球范围内 9 种主要的土地利用变化下土壤有机碳库的变化及其影响因子。Conant 等（2001）首次用 Meta 分析方法评估了全球不同草地管理措施对土壤碳储量的影响，其结果表明，在改进的管理措施下草地土壤固碳速率范围为 0.11 ~3.04Mg C/(hm^2 · a)。Wang 等（2011）使用类似的方法分析了土地利用变化和管理活动对中国草地土壤碳库的影响，发现围栏禁牧和将耕地转变为草地能够有效地增加表层土壤碳库，两种管理活动的固碳速率分别为 1.30Mg C/(hm^2 · a) 和 1.28Mg C/(hm^2 · a)。

Meta 分析方法好处在于其能够合并不同样点的实验数据，定量估计研究效应的平均水平，对有争议甚至互相矛盾的研究结果得出一个较为明确的结论。此外，Meta 分析增大了样本量，改进和提高统计学检验功效，能最大限度地减少偏差（Rosenthal and Dimatteo，2001；Noble，2006；雷相东等，2006）。然而，Meta 分析方法也存在一定局限性和风险，例如文献筛选的主观性，各种发表偏倚的存在，各独立研究的质量评价问题，研究间的非独立性，不同的研究所采用的研究方法和研究设计的差异性等（Gurevitch and Hedges，1999；Rosenthal and Dimatteo，2001）。

2.3.2 IPCC 优良做法

政府间气候变化专门委员会（IPCC）邀请各国专家制定国家温室气体清单指南，该指南向世界各国提供一套相对统一的方法论体系用以估算土地利用变化、土地管理等人类活动造成的生态系统碳库变化。IPCC 方法具有一定的灵活性，各国可以根据自身的实际情况采用该方法评估管理活动带来的固碳效应，对于数据缺乏的地区，IPCC 也给出了相应的缺省数值。IPCC 方法可分为三个层次。第一层次方法（Tier 1），即利用 IPCC 指南中提供的缺省值直接进行估算；第二层次方法（Tier 2）是基于本国获取的活动数据进行估算；第三层次方法（Tier 3）为高级估算系统，主要是通过模型模拟生态系统的碳储量动态。《2006 IPCC 国家温室气体清单指南》给出了在一个确定的时期内，由于管理活动的改变而导致的土壤碳库变化量的估算方法。该方法提供了不同管理措施下的土壤碳库变化因子、不同气候区域下各类型土壤碳库参考碳密度值。

Tier2、Tier3 的方法可以认为是一种优良做法，在发达国家林业碳汇计量中，大部分的发达国家都采用了更高级的做法（张小全，2006）。目前，IPCC Tier2 的方法使用较为广泛。例如，卢鹤立（2009）参照 IPCC Tier2 的方法，将 2002 年中国草地的分省飞播、种草、灭鼠和围栏面积作为管理现状，以第二次土壤普查数据作为草地标准碳密度，估算了不同草地管理措施下 20 年后中国草地生态系统的碳收支。金琳等（2008）采用 Tier 2 方法，采用本国化的参数，对中国农田管理土壤碳汇进行了估算。Ogle 等（2003）和 van den Bygaart 等（2004）使用 IPCC 第二层级的方法分别对美国 1982 ~ 1997 年和加拿大 1991 ~ 2001 年农田管理措施的碳库变化进行了估算，并进行了不确定性分析。但需要注意的是，该方法没有考虑气候因素的影响，在全球气候变化下其能力受到限制，同时也缺乏对土壤碳库变化的机理性解释（常瑞英等，2010）。

2.3.3 清查法

清查法是利用不同时期的生态系统碳库调查数据估算期间固碳量的一种方法，该方法实质上是一种尺度上推的方法。该方法的估算精度受到典型样地的代表性，空间分布均匀程度等方面的影响，通常比较耗费人力物力。在数据积累较多的区域，可以认为该方法是一种简单有效且具有较高可信度的固碳评估方法。Wu 等（2003）利用全国第二次土壤普查数据，建立了未受干扰土地和耕作土地的土壤碳储量数据库，两者相减估算得到我国由于人类活动造成的土壤有机碳库损失约为 7. 1Pg。Xie 等（2007）基于全国土壤普查资料以及大量的文献调研数据，估算了 1980 ~ 2000 年我国不同类型陆地生态系统的土壤碳库变化，其结果表明农田、森林主要表现为碳汇，年度增量分别为 0. 472Pg 和 0. 234Pg，而草地土壤年度碳损失量约为 3. 56Pg。Pan 等（2010）利用全国 1081 个农田长期观测点的监测数据，估算了 1985 ~ 2006 年我国农田表层（0 ~ 20cm）土壤碳库的变化，结果表明 20 年间我国农田土壤碳库的年度增量约为 25. 5Tg。Yang 等（2010a）通过 2001 ~ 2004 年间的清查数据和我国第二次土壤普查数据，综合估算 1980 ~ 2000 年我国北方草地土壤碳库的变化，其结果认为 20 年间我国草地土壤碳库没有发生显著变化。

2. 4 国内外重大生态工程固碳评估研究现状

根据生态工程的实施目的，可将其分为两大类：一类是指专门为了减缓气候变化而进行的管理活动，如清洁发展机制（clean development mechanism，CDM）项目所涉及的土地利用、土地利用变化和林业活动等增汇措施，其目的是通过增加陆地生态系统碳汇用以抵消工业活动所产生的温室气体排放；另一类工程措施包括自然资源管理（natural resource management，NRM）、可持续的土地管理活动（sustainable land management，SLM）等多种管理方式，如美国农业部实施的 CRP 工程、我国的退耕还林还草工程（Grain for Green Project，GGP）以及本研究所涉及的退牧还草工程（Returning Grazing Land to

Grassland，RGLG）等。这一类工程在实施初期并不以增汇减排为首要目的，但同样会对温室气体通量产生重要影响，因此需要在一定时空尺度上对工程的固碳效应进行定量评估（Follett et al.，2001）。随着国际社会对减缓全球气候变化问题关注度的持续上升，对生态工程的固碳计量研究已成为当前国际学术界的研究热点，不同国家的科学家和科研团体对各类生态工程的固碳增汇潜力进行了广泛的评估（Conant et al.，2001；Olge et al.，2003；van den Bygaart et al.，2004；Maia et al.，2010；Feng et al.，2013）。

2.4.1 国外研究现状

20 世纪 80 年代，在水土严重流失和农产品过剩的双重背景下，美国国会通过了 1985 年农业法案，开始实施以自然资源保护为宗旨的“休耕保护项目”（Conservation Reserve Program，CRP）（Young and Osborn 1990）。“休耕保护项目”（CRP）由美国农业部农场管理局（Farm Security Agency，FSA）负责实施，项目通过给予土地所有者经济补偿（租金、激励金和成本补贴等）的方式，激励他们自愿地将环境敏感和易受侵蚀的农地退出耕种并种植上保护性植被，进而达到减少土壤侵蚀，改善水质，保护野生动物栖息地等长期目标（Heimlich and Kula，1991）。CRP 的初期目标是休耕约 1800 万 hm^2 高度侵蚀的农地，管理部门通过与土地所有者签订土地保护合同以保障项目的实施，合同期一般为 10～15 年（Heimlich and Kula，1991）。在美国，CRP 的实施使得大量的农田转变为永久性草地、灌丛和森林，到 1990 年就有 1400 多万公顷的农田进行了休耕（Young and Osborn，1990），最近的数据表明登记在册的 CRP 土地面积约 1200 万 hm^2，其中转变为永久草地的耕地约占总项目面积的 75%（USDA-FSA，2013）。

随着 CRP 工程的实施，大量事实表明，CRP 在防治水土流失，保护自然资源的同时还有效地提高了生态系统碳库特别是土壤碳库水平（Dunn et al., 1993; Gebhart et al., 1994; Bruce et al., 1999; Sperow et al., 2003），将易受侵蚀耕地转变为原生植被，具有巨大的固碳潜力，对减缓温室气体增加导致的全球气候变化具有重要意义（Follett et al., 2001）。一些学者对 CRP 工程的固碳效应进行了综合评估（表 2-1）。研究结果表明，CRP 项目中耕地转变为永久草地后土壤（小于 40cm 深度）固碳速率为 0.11 ~ 3.04Mg C/(hm^2 · a)（Gebhart et al., 1994; Bruce et al., 1999; Post and Kwon, 2000）。Bruce 等（1999）综合了前人的研究结果对 870 万 hm^2 CRP 实施区域的平均固碳效益进行了估算，认为最初 10 年 CRP 实施区域的土壤年均固碳量约为 7Tg C/a，平均固碳速率约为 0.8Mg C/(hm^2 · a)。Follett 等（2001）将美国大平原和西部玉米种植带 14 处典型样点的平均固碳量自下而上直接上推，估算得到 1473 万 hm^2 CRP 土地的年均固碳量为 9.8 ~ 14.5Tg C/a，固碳速率为 0.6 ~ 0.9Mg C/(hm^2 · a)。上述方法主要基于少量成对实验调查结果，将典型样地的研究结果直接进行尺度外推，因此估算精度受调查样地代表性和分布均匀度的影响较大。Sperow 等（2003）基于 IPCC Tier2 方法的估算结果表明 1982 ~ 1997 年 15 年间 CRP 实施区 1320 万 hm^2 土地 0 ~ 30cm 土壤固碳量约为 4.5Tg C/a，并预估项目的固碳潜力（假定美国剩余的 2600 万 hm^2 退化农地全部转变为永久植被）约为 10.5Tg C/a，该结果高于 Sperow 等（2014）采用改进的 IPCC 方法的估算结果（6.9Tg C/a）。对于同一工程，以上研究在数据来源、估算范围和固碳计量方法选择等方面存在一定的差异，使得各自估算的工程固碳量结果存在较大差异。这也强调了在生态工程固碳效益计量中，采用统一的取样和计算方法的重要性。不同的估算方法往往具有其各自的优势和不足之处，因此采用多种方法对工程措施的固碳效应进行综合评估显得尤为重要，有助于更加深刻地认识工程固碳量的不确定性范围。

表 2-1　不同研究中 CRP 土壤固碳评估结果

文献来源	研究地点	估算方法	深度/cm	估算面积/10^7 hm^2	持续时间/a	固碳量/(TgC/a)	固碳速率/[MgC/(hm^2 · a)]
Gebhart et al., 1994	美国大平原南部和中部	成对样地调查	40		5		0.8
Lal et al., 1998	整个 CRP 区域	成对样地调查	30	28.6		9 ~ 20	0.3 ~ 0.7
Follett et al., 2001	大平原和西部玉米种植带	成对样地调查	30	14.73	25	9.8 ~ 14.5	0.6 ~ 0.9
Bruce et al., 1999	整个 CRP 区域	加权平均	40	8.7	10	7	0.8
Purakayastha et al., 2008	Palouse 地区	成对样地调查	10		11		0.375
Sperow et al., 2003	整个 CRP 区域	IPCC 方法	30	13.2	1982 ~ 1997 年	4.5	
Sperow et al., 2014	整个 CRP 区域	IPCC 方法	30	24.1	1982 ~ 1997 年	6.9	

2.4.2　国内研究现状

1）重大生态工程

我国自 20 世纪 70 年代以来实行了一系列的生态工程，如“三北”防护林体系建设工程、天然林资源保护工程、退耕还林（草）工程、京津风沙源治理工程、退牧还草工程等。这些生态工程在治理水土流失、防治土地退化、恢复自然植被、涵养水源、改善环境质量等方面取得了重要成效（张勇等，2007；王静等，2008；石莎等，2009；于金娜，2010）。工程措施在恢复自然植被、改善退化土壤质量的同时也对陆地生态系统碳源/汇功能产生的重要影响，具有较强的固碳能力和潜力（Chen et al.，2007；Deng et al.，2014a；Liu and Wu，2014）。然而，长期以来部分生态工程的固碳能力没有受到足够的重视，只有少量涉及工程固碳效应的研究。胡会峰和刘国华（2006）根据森林资源清查资料和林业统计年鉴数据，初步估算了1998～2002年天然林保护工程的固碳能力，结果表明工程实施5年间累计固碳量约为44.07Tg，年均固碳量为8.81Tg/a。张良侠等（2014）采用IPCC第二层次方法估算了京津风沙源治理工程对内蒙古锡林郭勒盟草地土壤有机碳库的影响，结果表明2000～2006年工程区碳汇约为0.6Tg。

相比之下，我国退耕还林（草）工程由于实施范围较广，影响力较大，大量的文献报道了工程所涉及各类管理活动对生态系统碳储量的影响。然而，多数研究主要是基于某一特定的地点的调查/观测结果（彭文英等，2006；杨尚斌等，2010；赵瑞等，2015）。近年来，一些学者采用不同方法在区域尺度上对退耕还林（草）工程的固碳效益进行了估算（Zhang et al.，2010；Chang et al.，2011；Feng et al.，2013；Deng et al.，2014a；Shi and Han，2014；Song et al.，2014）。在黄土高原，Chang等（2011）基于文献调研数据的估算（面积加权法）表明该地区203万hm^2退耕还林（草）工程下土壤碳储量（0～20cm）的年均增量约为0.712Tg C/a。Feng等（2013）使用CASA和CENTURY模型模拟了退耕还林（草）工程实施以来（2000～2008年）黄土高原NPP（净初级生产力）、NEP（净生态系统生产力）和0～50cm土壤碳储量的动态变化，结果表明整个黄土高原NPP和NEP的平均增加速率分别约为0.094Mg C/(hm^2·a）和0.192Mg C/(hm^2·a)，土壤固碳速率约为0.085Mg C/(hm^2·a)，8年间黄土高原地区生态系统碳汇总增量约为96.1Tg。在全国尺度上，Song等（2014）基于文献挖掘数据的Meta分析结果表明退耕后0～20cm，20～40cm，40～60cm土层土壤有机碳储量分别约增加了48.1%，25.4%和25.5%。Zhang等（2010）依据文献报道数据，用时间-权重平均值法（time-weighted mean）计算得到退耕还林（草）工程中耕地转变为森林或草地导致的土壤（0～20cm）固碳速率约为 0.37Mg C/(hm^2 · a)（时间-权重平均值），该结果与 Deng 等（2014a）基于线性回归斜率估算的土壤固碳速率［0.33Mg C/(hm^2 · a)］较为接近，但与 Zhao 等（2013）采用相同方法得出的结果［0.54Mg C/(hm^2 · a)］存在较大差异。Zhang 等（2010）和 Zhao 等（2013）均使用平均固碳速率乘以工程实施面积数据的方法（简单面积加权）估算了退耕还林（草）工程的土壤固碳量（0～20cm），结果发现退耕后土壤碳库增量分别为 11.7Tg C/a（工程总面积按 3200 万 hm^2 计算）和 14.5Tg C/a（工程总面积按 2680 万 hm^{2}计算）。Shi 和 Han（2015）综合文献调研和野外实测数据，考虑了 1999～2012 年历年耕地造林、荒地荒山造林等退耕还林（草）工程措施的面积动态，系统地估算了工程措施的固碳量，认为 1999～2012 年退耕还林（草）工程导致的土壤碳库（0～20cm）总增量为（156±108）Tg C，到 2050 年（维持工程现状）土壤固碳潜力可以达到（383±188）Tg C。可以看到，以上研究大多依赖已发表的文献数据，文献及数据筛选标准、研究样点的代表性以及统计分析方法等方面的差异都可能导致研究结果出现明显的差别。而且，对于工程面积核定（工程范围的确定）也极大影响了固碳潜力评估结果。因此，要进一步提高重大生态工程固碳效应的评估精度，一方面需要准确核定不同时期的工程实施面积，另一方面，也需要大范围成对样地调查资料（实测数据）的支撑，而不是仅仅依赖历史文献的研究结果。

2）草地管理活动

近年来，我国学者对不同草地管理措施对中国草地生态系统碳库的影响进行了大量的研究。但多数为基于特定区域或样点尺度的成对实验研究（Cui et al.，2005；He et al.，2008；Wu et al.，2010；Gao et al.，2011；赵娜等，2014），区域尺度上的分析和评估较为缺乏。尤其对于退牧还草工程的固碳效益更是只有零星的研究。王岩春

(2007) 对四川省阿坝县 17 个国家退牧还草工程样点的成对实验研究表明工程显著增加草地植被和土壤碳储量。在区域尺度上，石峰等(2009) 利用文献资料采用 Meta 分析方法分析了不同管理措施下我国草地表层土壤碳库的变化速率；Wang 等 (2011) 同样利用文献挖掘数据，较为系统地估算了中国草地不同土地利用变化及管理活动下0～30cm 土壤碳储量的变化，同时粗略估算了改进的草地管理措施的固碳潜力。但是上述研究没有对管理措施实际实施面积进行核定，因此难以对管理活动的固碳量及固碳潜力进行准确评估，同时也缺乏管理措施固碳效应的空间分异。卢鹤立 (2009) 基于《中国畜牧统计年鉴》、全国第二次土壤普查资料和 IPCC 提供的草地管理活动缺省数值，采用 IPCC Tier2 方法进行估算，认为 2002～2022 年全国草地土壤碳库可以增加约 391Tg。综合来看，目前草地管理活动/工程措施固碳无论从评估方法还是数据精度及质量上都难以达到退牧还草工程固碳量估算的要求。退牧还草工程自 2003 年开始实施，我国诸多研究中采用的全国二次土壤普查资料 (20 世纪 80 年代调查结果) 并不适用于工程区碳库基准水平的计算，而仅依赖文献数据，也无法对工程区碳库现状及工程固碳潜力进行估算。因此，采用统一的方法，将文献资料和实测数据相结合，采用多种方法对退牧还草工程的固碳能力和潜力进行综合评估就显得尤为迫切和必要。

第3章 退牧还草工程对草地碳库及植物多样性的影响——Meta分析

退牧还草工程自2003年实施至今，已涵盖我国北方及青藏高原的大部分省（区）。禁牧管理是退牧还草工程极为重要的草地管理措施之一，其思路是通过建设草地围栏的方式使人类放牧活动从草原退出，依赖草地生态系统自我修复能力达到恢复退化草地生产力和土壤质量的目的。围栏禁牧是国内、外退化草地修复普遍采用的一种草地管理策略（Smith et al., 2000；Shrestha and Stahl, 2008；Wu et al., 2009），禁牧后草地植被特征、土壤碳库和物种多样性的变化规律受到科学家们的广泛关注，但大量样点尺度的研究并未表现出一致性的结果（Milchunas and Lauenroth, 1993；McSherry and Ritchie, 2013）。McSherry和Ritchie（2013）综合了全球放牧与禁牧实验的研究结果认为草地碳储量对禁牧的响应具有高度的地域依赖性，环境和生物因子如温度、降水、土壤内在属性、植物群落组成等都会对碳库变化产生影响（Reeder and Schuman, 2002）。围栏禁牧后草地群落物种多样性的变化是另一个关注的焦点，现有研究表明解除牧压后物种多样性的变化与牲畜的采食习惯、植物的资源分配和竞争机制及区域生境特点的差异等相关联（Zhang, 1998；Olff and Ritchie, 1998；Osem et al., 2002）。在我国，现有大量的样地实验研究分析了围栏禁牧对草地生态系统碳库和物种多样性的影响，但基于区域尺度的综合性评估却十分缺乏。Meta分析方法是一种稳健的、定量分析方法（Hedges et al., 1985），能够有效地综合不同差异性实验研究结果（Gurevitch and Hedges，1999）。因此，从区域尺度上对整个退牧还草工程区的实验研究进行综合定量分析不但对于评估工程的固碳效益具有重要意义，还能为可持续草地管理政策的制定提供科学参考。

3.1 研究材料

3.1.1 数据来源与筛选

本研究主要关注中国北方草地退牧还草工程实施区的实验研究，研究区域主要包括青藏高原高寒草地区和北方温带草地区。通过检索ISI Web of Science 和中国知网（CNKI）数据库，收集了2014 年以前发表的有关围栏禁牧对我国草地生态系统碳库和生物多样性影响的研究文献及学位论文。以下关键词或组合被用于文献检索："grazing" "grazing exclusion" "enclosure" "fencing" "fence" "grazing removal" "exclosure" "no grazing" "China"。通过对上述关键词的初步搜索，一共得到2000 余篇相关文献。基于对搜集文献的研究目的、实验方法及结果的分析，设定了以下5 条文献数据筛选标准：

（1）基于时间序列的实验研究或空间替代时间的对比性实验研究（围栏禁牧 vs. 自由放牧或围栏禁牧 vs. 模拟放牧）；

（2）实验必须是在天然放牧草地上进行（不考虑人工草地或未受人为干扰的草地上进行研究），且围栏禁牧措施持续年限至少大于1 年，以避免短期实验结果带来的不确定性；

（3）仅考虑围栏禁牧单一措施的影响，两种或两种以上的管理活动的实验结果不予纳入；当多篇文献对同一地点的结果进行了报道时，选取最新发表的数据；

（4）报道了地下碳库变化的实验，必须明确取样深度信息；

（5）必须报道实验组（围栏禁牧）和对照组（退化方目的）的平均值、标准差和样本量，或至少以上数据可以从文献中计算得出。

3.1.2 数据库构建

根据筛选标准，一共收集了 78 篇符合要求的文献用于构建围栏禁牧对生态系统碳库影响的数据库。在放牧和围栏禁牧草地，与植物多样性和生态系统碳储量相关的 11 个参数被检测。这些参数包括地上生物量碳，地下生物量碳，土壤有机碳储量，群落盖度，地上凋落物量，土壤有效氮含量，土壤有效磷含量，物种丰富度，物种均匀度，Shannon-Wiener 指数和 Simpson 指数。由于围栏禁牧后草地生态系统各参数的时间动态极为重要，如果一篇文献中报道了不同年限围栏对相关参数的影响，所有结果均被作为独立的数据纳入总体数据库中。

同时，数据库中还录入各实验研究地点的经纬度、海拔、年均温度、年均降水、取样深度、草地类型等相关背景信息。当文献中没有直接提供实验样地的气候背景数据时，使用临近的气象站点的数据进行替代。如果原始文献中相关数据不能从图表中直接获取，使用 DATATHIEF Ⅲ软件（B. Tummers. 2006. http://datathief. org/）对数据进行挖掘。

对于植物多样性参数，不同学者在研究中往往采用不同的多样性指数来表征物种多样性。在涉及围栏效应的对比实验研究中，物种丰富度、物种均匀度、Shannon-Wiener 指数和 Simpson 指数是使用最为频繁的四类多样性指数。由于各类多样性指数从不同层面对植物多样性进行了测度，因此我们将上述四类物种多样性指数作为独立的参数分别进行分析。

对于土壤有机碳储量参数，不同研究的取样深度在 10 ~ 100cm 之间，因此无法利用最大土层深度数据建立高度一致的数据系列。由于绝大部分文献（92%）都报道了 0 ~ 30cm 层土壤碳密度或碳含量，同时 Yang 等（2010b）对中国北方草地土壤有机碳库的调查结果也表明碳库主要集中于表层（0 ~ 30cm）土壤中，因而本研究仅将 0 ~ 30cm 土壤碳库数据纳入最终的 Meta 分析数据库中。部分文献报道了土壤有机质含量（SOM_c，g/kg）或是有机碳含量（SOC_c，g/kg），却缺少土壤容重信息。此时，使用以下公式计算土壤有机碳库（Mann，1986；Xie et al.，2007）：

$$SOC_c = 0.58 \times SOM_c \tag{3-1}$$

当土层深度为 0 ~ 10cm：

$$BD = -0.231 Ln(SOC_c) + 1.352 \tag{3-2}$$

当土层深度为>10cm：

$$BD = -0.0422 SOC_c + 1.3958 \tag{3-3}$$

$$SOC_s = BD \times SOC_c \times D \times 10 \tag{3-4}$$

式中，SOM_c 和 SOC_c 分别为土壤有机质和有机碳含量；BD（bulk density）为土壤容重（g/cm^3）；D（depth）为土层深度（cm）；SOC_s 为碳密度（Mg/hm^2）。

对于生物量碳库，当文献仅报道风干草重量时，风干换算烘干的含水百分比取 15%（朴世龙等，2004）；采用碳/生物量转化系数 0.45 将生物量转换为植物碳库（Olson et al.，1983）。

本数据库涉及的研究样点涵盖了我国北方草地退牧还草工程的主要实施省份。所有研究的围栏年限范围为 1 ~ 30 年，平均禁牧时长约为 7 年（表 3-1）。

表 3-1　Meta 分析检验参数概况

研究参数	文献数量	独立研究的数量			持续时间/年	
		全部	正效应	负效应	平均值	范围
群落盖度	19	35	34	1	6.5	1~26
地上生物量碳	42	86	84	2	8	1~30
地上凋落物量	9	11	10	1	8	1~30
地下生物量碳	21	31	27	4	8	1~30
土壤有机碳储量	38	63	55	8	9.5	1~30
土壤有效氮含量	14	20	18	2	7	1~20
土壤有效磷含量	14	23	21	2	8	1~20
Shannon-Wiener 指数	25	54	31	23	7	1~30
Simpson 指数	11	25	11	14	8	2~26
物种丰富度	17	41	29	12	7	1~30
物种均匀度	20	47	23	24	8	1~30

3.2 研究方法

3.2.1 Meta 分析方法

使用对数转换的响应比（lnRR）作为效应值（Hedges et al., 1999；Nave et al., 2011；Wu et al., 2011）来量化相关参数在放牧和禁牧草地间的差别。围栏禁牧草地参数的值被视为处理值（treatment），放牧草地参数的值被视为对照值（control）。对数转换的响应比（lnRR）计算公式如下：

$$\ln RR = \ln(X_E/X_C) = \ln X_E - \ln X_C \tag{3-5}$$

式中，X_E和 X_C分别为一个独立研究中处理组（禁牧地）和对照组（放牧地）的平均值。如果 X_E和 X_C均为正态分布且 X_E不等于零时，

lnRR 也为近似正态分布，其方差为：

$$V_{\text{lnRR}}=\frac{S_{\text{E}}{}^{2}}{N_{\text{E}}\ (X_{\text{E}})^{2}}+\frac{S_{\text{C}}{}^{2}}{N_{\text{C}}\ (X_{\text{C}})^{2}} \tag{3-6}$$

式中，N_{E}和N_{C}分别为一个独立研究中处理组和对照组的样本量；S_{E}和S_{C}分别为处理组和对照组的标准差。

响应比（lnRR）具有无量纲的特点，是经过标准化处理的度量，因此计算 lnRR 时处理组和对照组数值的表示单位并没有特殊要求（Hedges et al.，1999）。为了更为方便和直观地表示最终结果，通过下式将各参数的 lnRR 转换为百分变化率 D（%）（Luo et al.，2006）：

$$D(\%)=(\text{e}^{\text{lnRR}}-1)\times 100\% \tag{3-7}$$

采用随机效应模型（random effect model）计算各独立研究的平均效应值，并使用非参数的靴襻法（bootstrapping procedure）反复排列迭代 4999 次得到置信区间（95% confidence interval，CI）（Adams et al.，1997；Rosenberg，2000）。随机效应模型假定所有观测值间的差异不仅由取样误差导致，还因为各研究中存在随机变量，其假设符合大多数生态学实验数据的特点（Rosenberg et al.，2000，Gurevitch and Hedges，2001）。使用这种方法，如果平均效应值的置信区间相互不重叠，则表明两者间差异显著；如果置信区间与零值重叠，则表明处理组与实验组间差异显著（Gurevitch and Hedges，2001）。

部分文献报道了同一年份不同季节的取样结果，还有部分文献比较了不同对照与同一处理（例如，将不同退化梯度的放牧草地与同一禁牧样地相比较）间的差别。针对以上情况，为最大程度减小数据的非独立性，参考 van Kleunen 等（2010）的方法，首先分别计算每组数据的效应值，然后对这些效应值进行合并（单独运行一次 Meta 分析得到平均效应），最终的 Meta 分析过程采用合并后的效应值进行运算。对于生物多样性参数，如果某一独立研究采用多种多样性指数来描述多样性水平，同样采取上述方法对效应值进行合并，以保证数据的独立性。基于对数据结构的分析，禁牧后土壤有机碳库百分比增加率超过 100% 的数据被认定是异常值，本数据库中一共包含 6 个这样的异常值（Jing et al.，2014）。由于初步的 Meta 分析结果表明剔除异常值并不会改变平均效应的方向，即围栏禁牧对土壤有机碳储量的影响仍旧表现为正效应，因此在最终分析中剔除了上述异常数据。

为了分析围栏禁牧后草地生物多样性和生态系统碳库变化与气候和围栏年限等因子间的相关关系，采用 Meta 回归的方法（continuousmeta-analyses）检验线性模型的回归系数是否与 0 存在显著性差异（Rosenberg et al.，2000）。如果被检验因子与围栏效应间的线性关系不显著，则将年均降水量、年均温、禁牧持续年限和草地类型作为分组指标进行分组分析（Guo and Gifford，2002；Song et al.，2014）。在分组分析中，年均降水量被划分为<300mm、300 ~ 500mm、>500mm 三个梯度；年均温度被划分为<0℃、0 ~ 2℃、2 ~ 4℃、4 ~ 6℃、6 ~ 8℃、>8℃六个梯度；围栏禁牧持续时间长短被划分为≤5 年和>5 年；草地类型参照《中国草地资源》划分为温性草原、温性草甸草原、温性荒漠草原、高寒草原和高寒草甸。混合效应模型被用于比较不同组别平均效应值间的差别（Rosenberg et al.，2000）。所有研究的总异质性（Q_T）可以划分为组间异质性（Q_b）和组内异质性（Q_w），Q_b的显著性可以使用卡方检验进行检验。如果 Q_b显著，则表明不同分组的平均效应存在显著性差异（Rosenberg et al.，2000；Gurevitch and Hedges，2001）。为了检验发表偏倚（例如，研究者报道显著性研究结果的倾向），采用漏斗图（funnel plot）、正态分位点图（normal quantile plot）、Spearman's秩相关检验和失安全指数（fail-safe number）等方法（Palmer，1999）对最终的纳入数据进行了检验。以上所有的 Meta 分析过程全部在 MetaWinv. 2. 1 软件中进行（Rosenberg et al.，2000；Gurevitch and Hedges，2001）。

3.2.2 数据分析

为了研究围栏禁牧后草地土壤有机碳库累积的动态变化，采用下式计算了各研究中禁牧草地的土壤碳固持速率（SOC_R，%/a）：

$$SOC_R = (SOC_E - SOC_C)/SOC_C/T \times 100 \quad (3\text{-}8)$$

式中，SOC_E和SOC_C分别表示禁牧草地和放牧草地土壤有机碳储量的观测值；T 表示禁牧措施的持续时间（a）。

由于土壤有机碳的动态变化通常是非线性的（West and Post, 2002），因此使用非线性回归模型分析禁牧后草地土壤固碳速率与该措施持续时间之间的关系。考虑到禁牧后不同类型草地的土壤有机碳变化规律可能不尽相同，将数据分为温性草原和高寒草甸两个亚组，分别对两组数据进行了非线性回归拟合分析。以上分析在 SPSS16.0 软件中进行。

3.3 结　　果

3.3.1 围栏禁牧对各参数的影响

Meta 分析结果表明，放牧和禁牧草地生态系统总碳库平均值约为 51.96Mg C/hm^{2}和 61.90Mg C/hm^2，围栏禁牧措施下草地生态系统总碳库约增加了 19.1%（表 3-2）。土壤碳库占总生态系统碳库的比例约为 90%。围栏禁牧后，生态系统不同组分碳库均显著增加，地上生物量、凋落物、地下生物量和土壤碳库分别增加了约 84.7%、111.6%、25.5%和 14.4%［图 3-1（a）］。除物种多样性外，其余被检验参数对围栏禁牧总体上均表现为正响应，禁牧草地的群落盖度，土壤有效氮、有效磷含量和土壤微生物量碳含量较放牧草地分别平均提高了约 52.0%、21.7%、22.8%和26.3%。就植物多样性而言，围栏禁牧对物种丰富度、物种均匀度、Shannon-Wiener 指数和 Simpson 指数均没有明显影响［图 3-1（b）］。

表 3-2　放牧和围栏禁牧样地的生态系统碳储量

（单位：Mg C/hm^2）

碳储量	放牧样地	围栏禁牧样地
地上生物量碳库	0.53±0.05	0.98±0.12
凋落物碳库	0.18±0.06	0.34±0.09
地下生物量碳库	4.19±0.44	5.48±0.62
土壤有机碳库	47.06±4.4	55.10±5.4
总生态系统碳库	51.96	61.90

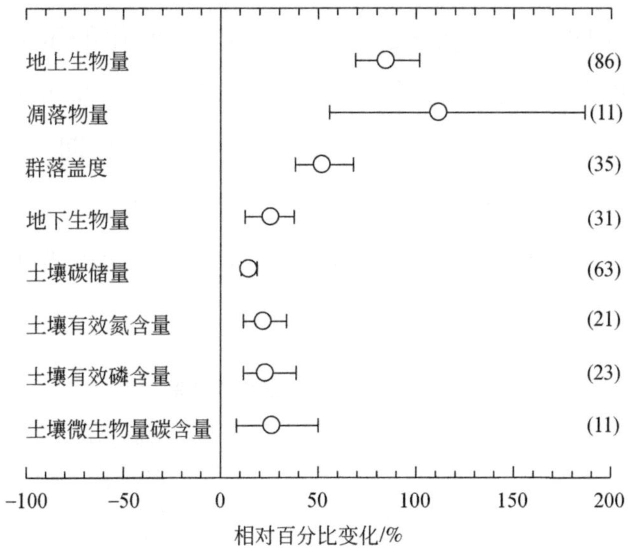

(a)

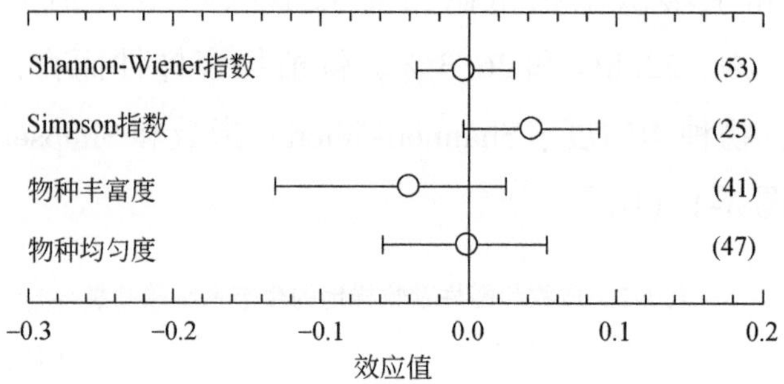

(b)

图 3-1　生态系统碳库和物种多样性对围栏禁牧的响应

注：误差线代表 95% 的靴袢置信区间，括号内数字表示观测值的数量

3.3.2　植物多样性与生态系统碳库对围栏禁牧响应的时空格局

围栏禁牧措施的持续时间长短是决定物种丰富度（Q_b=6.78，P<0.05）和物种均匀度（Q_b=6.78，P<0.05）变化的重要因素（表 3-3）。围栏禁牧后，物种数量在最初 5 年有所增加，但超过 5 年的禁牧措施对物种丰富度没有明显影响［图 3-2（a）］。长期（>10 年）围栏禁牧对物种均匀度具有显著的负效应［图 3-2（b）］。围栏禁牧后，温性草原和高寒草原的物种丰富度显著增加，但不同类型草地的物种均匀度没有发生明显变化（图 3-2）。

表 3-3　组间异质性检验结果

变量	年降水	年均温	草地类型	持续时间
生物多样性	—	—	2.50	8.24**
地上生物量	10.40**	5.22	20.07**	—
地下生物量	3.87	1.67	0.19	—
土壤有机碳	—	—	16.49*	—

注：**表示 P<0.01；*表示 P<0.05

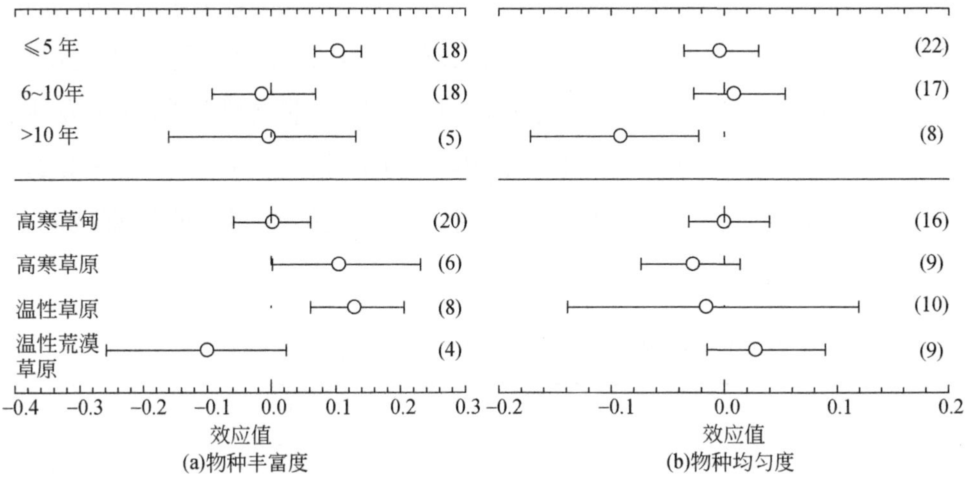

图 3-2　围栏年限和草地类型对物种丰富度和均匀度的影响

分组分析结果表明，围栏禁牧对地上生物量碳库影响的平均效应值在任何情况下均显著大于 0，但其正效应大小受到实验点年均降水量和所属草地类型的影响［表 3-4，图 3-3（a）］。年均降水量大于等于 300mm 地区（300～500mm 或>500mm）的地上生物量碳库增量要显著高于年均降水量小于 300mm 地区（$Q_b=10.40$，$P<0.01$）［表 3-4，图 3-3（a）］。排除放牧干扰后，较之温性荒漠草原，温性草原、温性草甸草原和高寒草甸地上部分碳库的增量更加显著（$Q_b=20.07$，$P<0.01$）［表 3-4，图 3-3（a）］。对于地下生物量碳库，异质性分析发现不同分组间的平均效应值均不存在显著差异（表 3-3）。年均降水量高于 300mm 地区，禁牧后地下生物量碳库显著增加［图 3-3（b）］。温性草甸草原和温性草原的地下生物量碳库对围栏禁牧表现出显著的正响应［图 3-3（b）］。草地类型和气候因子都显著地影响禁牧后土壤有机碳的变化（表 3-3，表 3-4）。围栏禁牧后，高寒草甸、高寒草原、温性草甸草原和温性草原的土壤有机碳储量分别增加了约 21.7%、4.9%、12.1% 和 13.3%，但温性荒漠草原的土壤碳库没有表现出明显

变化［图3-3（c）］。Meta回归结果表明，围栏禁牧对土壤有机碳储量影响的效应值随年均降水量的增加而增加（$P<0.01$），但随年均温度的增加而降低（$P<0.01$）（表3-4，图3-4）。非线性回归分析发现，围栏禁牧后高寒草甸（$R^2=0.32$，$P<0.01$）和温性草原（$R^2=0.21$，$P<0.05$）土壤有机碳库累积速率的时间动态均能够用双曲线衰减函数模型进行很好的模拟（图3-5）。

表3-4　效应值与气候因子和围栏持续时间的Meta回归结果

响应变量	解释变量	回归分析结果		
		截距	斜率	*P*值
Shannon-Wiener指数（LnRR）	年降水	0.0335	−0.0001	0.457
	年均温	−0.0122	0.0081	<0.05
	持续时间	0.0288	−0.0047	0.413
Simpson指数（LnRR）	年降水	−0.0625	0.0001	0.459
	年均温	−0.0363	−0.0031	0.843
	持续时间	−0.0131	−0.0035	0.803
物种丰富度（LnRR）	年降水	0.1232	−0.0002	0.185
	年均温	0.0472	−0.0042	0.128
	持续时间	0.0698	−0.0041	0.136
物种均匀度（LnRR）	年降水	0.0094	0	0.212
	年均温	−0.0042	0.0008	0.996
	持续时间	0.0449	−0.0066	<0.001
地上生物量（LnRR）	年降水	0.5129	0.0003	0.742
	年均温	0.6465	−0.0248	0.802
	持续时间	0.5609	0.0068	0.866
地下生物量（LnRR）	年降水	0.0718	0.0007	0.685
	年均温	0.2248	0.0013	0.216
	持续时间	0.237	−0.0013	0.122
土壤有机碳（LnRR）	年降水	−0.0748	0.0005	<0.01
	年均温	0.142	−0.0043	<0.05
	持续时间	0.1359	−0.0002	0.173

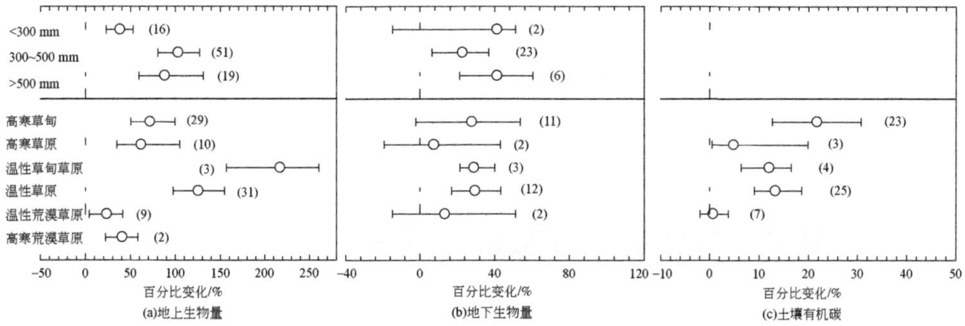

图 3-3 降水量和草地类型对生态系统碳库各组分效应值的影响

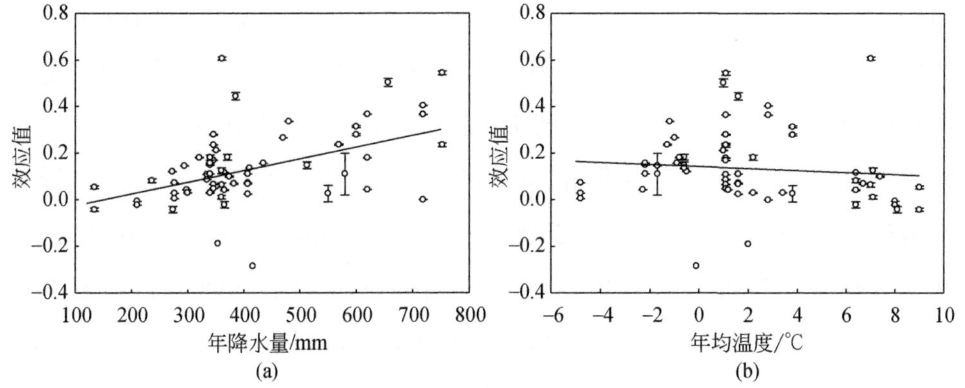

图 3-4 围栏禁牧后土壤有机碳变化量与气候因子间的关系

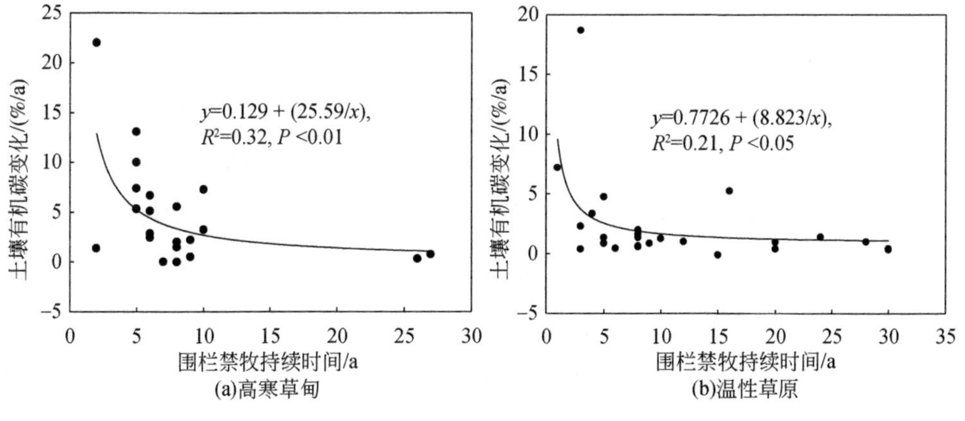

图 3-5 土壤碳密度年均变化量的时间格局

3.4 讨　　论

3.4.1 围栏禁牧增加了生态系统碳库

Meta 分析结果表明，总体而言，围栏禁牧管理显著地增加了我国北方草地植物群落盖度，土壤养分含量和生态系统各个组分的碳库（包括植物地上、地下部分碳库以及土壤碳库）。这说明长期以来的超载放牧抑制了草地植物的繁殖生长，破坏了土壤物理化学结构，是导致我国草地生态系统退化的主要原因（Han et al., 2008）。一些综合性的研究认为过度放牧会降低植物生产力，破坏土壤养分循环进而导致草地碳库流失（Wiesmeier, 2009; Tanentzap and Coomes, 2012），因此排除这种干扰能够有效地逆转上述趋势且有利于草地生态系统的碳固定（Conant and Paustian, 2002; Mekuria et al., 2007, Zhou et al., 2007）。研究结果支持这一观点。研究结果表明围栏禁牧显著地增加了我国北方草地生态系统碳储量，这与全球其他具有类似过度放牧压力地区的研究结果相一致（McIntosh and Allen, 1998; Mekuria et al., 2007; Mekuria and Veldkamp, 2012）。比如在埃塞俄比亚北部地区，围栏禁牧管理不但有效地恢复草地植被，还极大地改善了土壤养分状况，并显著地增加了土壤碳储量（Mekuria et al., 2007）。然而，也有一些地区的实验研究报道了相反的结果（Derner et al., 2006; Piñeiro et al., 2009）。例如，在北美大草原，大量研究发现放牧草地较之禁牧草场具有更高的生态系统碳储量（Schuman et al., 1999; Reeder and Schuman, 2002; Derner et al., 2006）。通过比较以上研究的特点，我们认为不一致的结论可能与实验初期草地碳库的基线水平和放牧历史有关。正效应结果主要是由于实验地区在长期过度放牧干扰下具有相对较低的初始碳库水平。例如，在我国，过度放牧现象十分普遍，牲畜数量约为安全放牧承载力水平的两倍左右。通常情况下，草地超载率约为 150%，部分地区甚至达到了 300%，因而造成草地生态系统大面积退化。据估计，在我国北方地区，超过 30% 的草地处于中度和重度退化状态之中（Han et al.，2008；Li et al.，2013）。然而，以上北美大草原的实验研究大多在多年未放牧的草场上进行，其草地碳库原本就处于较高水平（Reeder and Schuman，2002；Derner et al.，2006）。

在草地生态系统中，绝大部分的碳储存于土壤之中（Ni，2002）。草地土壤有机碳库的累积主要取决于碳的输入和输出，前者主要来源于地上干物质（De Deyn et al.，2008）、根系生物量以及牲畜粪便返还（Langley and Hungate 等，2003；Zhou et al.，2007），后者主要通过土壤呼吸、土壤侵蚀和淋溶等方式（Hiernaux et al.，1999；Cui et al.，2005）。围栏禁牧后土壤有机碳的显著增加可能由以下几方面机制所导致。第一，禁牧草地的地上和地下生物量及凋落物量均显著高于放牧地，这说明地上和地下部分碳输入的显著增加应当是禁牧草地土壤有机碳持续累积的主要原因（Su et al.，2005；Pei et al.，2006；Shi et al.，2010；Wu et al.，2014）。第二，在放牧草地，即使食草动物的排泄物能够归还部分的碳，但并不足以抵消牲畜采食所带走的那部分碳（Fornara and Du Toit，2008）。特别是在我国，大量的牲畜粪便被牧民作为燃料回收利用（He et al.，2009；Xu et al.，2013），极大地减少了返还的碳量。此外，禁牧草地植被盖度的显著增加使得更少的土壤表面直接裸露于空气中，减少了风蚀所造成的土壤有机碳流失（Mekuria et al.，2007）。另外，排除牲畜过度踩踏能够增强禁牧草地的土壤团聚体结构，进而减缓土壤有机质分解速率，防止土壤侵蚀的发生（Belnap，2003；Neff et al.，2005）。

3.4.2 围栏禁牧对物种多样性的影响

草地生态系统物种多样性的维系是可持续草地管理的重要目标之一（Rook et al.，2004；Klimek et al.，2007）。Meta 分析结果表明，对于退化草地植物多样性恢复而言，围栏禁牧工程的效果并不明显。这与 Loeser 等（2007）在美国西部地区和 Peco 等（2005，2006）在西班牙中部地区的研究结果相似。从时间格局来看，短期（不超过 5 年）的围栏禁牧显著增加植物群落的物种丰富度，但这一正效应随着禁牧时间的增加而变得不明显。对于物种均匀度，围栏效应由中性转变为负效应的时间阈值大约为 10 年。围栏禁牧后植物群落物种多样性变化的时间格局可能由以下几方面原因造成。首先，过度的牲畜采食和践踏可能会抑制草地植物的繁殖和更新，甚至导致部分物种丧失（Sternberg et al.，2000；Firincioglu et al.，2007）。因此在禁牧管理初期，移除放牧压力能够改变草地群落结构，增加部分植物种特别是可食性牧草的数量，进而增加物种丰富度（Luno et al.，1997；Shang et al.，2008）。然而，随着植被演替的不断推进，长期缺乏外界干扰导致一些优势物种和建群种在群落中的主导地位不断增强。此外，禁牧草地凋落物的长期积累会对新物种更新迁入产生阻碍，进而导致部分物种丧失并降低物种均匀度（Oba et al.，2001；Zhu et al.，2012）。例如，在高寒草甸，长期禁牧通常有利于高山嵩草和冷地早熟禾等优势牧草的生长，而抑制其他草种的繁殖更新（Wu et al.，2009）。

3.4.3 生态系统碳储量对围栏禁牧响应的时空格局

根据 Meta 分析结果，气候条件（年均温度和年降水量）极大地影响了我国北方草地生态系统碳储量对围栏禁牧措施的响应。水分被认为是天然草地上植物生长的主要限制因子之一（St Clair et al.，2009），围栏禁牧后草地地上生物量碳库在降水条件较好（>300mm）的地区更加显著。Piñeiro 等（2009）总结了全球范围的禁牧管理对草地地下生物量影响的实验研究，认为禁牧对根系生物量的影响在水分条件适中的地区（年降水量 400～850mm）表现为正效应（Fuhlendorf et al.，2002；Kauffman et al.，2004；Xie and Wittig，2004；Derner et al.，2006；Gao et al.，2011），但在湿润或干旱地区表现为负效应（McNaughton et al.，1998；Frank et al.，2002；Pucheta et al.，2004；Reeder et al.，2004；Cui et al.，2005）。当前 Meta 分析所涉及实验样点的年降水量范围为 134～752mm，结果表明围栏禁牧显著增加了降水量在 300～752mm 地区的地下生物量碳库，但对干旱地区（MAP<300mm）的根系生物量无明显影响，这与 Piñeiro 等（2009）的研究结论较为一致。就土壤有机碳库而言，研究发现禁牧对草地土壤有机碳储量的影响随年降水量的增加而增加但随年均温的增加而降低，这与一些区域或全球尺度的研究结果相一致。Derner 和 Schuman（2007）综合分析了北美大平原的放牧 vs. 禁牧实验研究结果后发现，30cm 深度的土壤碳储量变化与年降水间呈负相关关系。考虑到他们的研究中将放牧作为实验处理，因此与本研究发现的变化趋势相一致。Conant 和 Paustian（2002）基于全球尺度的 Meta 研究也表明实施禁牧措施后的土壤固碳潜力与年降水量间呈显著正相关关系。因此，就我国的退牧还草工程而言，较好的降水条件能够增强禁牧区草地生态系统的碳固持效应。而土壤固碳速率随年均温度表现出的降低趋势可能是由于温度升高加速了土壤有机质分解速率（Burke et al.，1989）。在不同类型的草地上实施围栏禁牧，其土壤碳库的响应也不尽相同。在较为干旱的温性荒漠草原，禁牧对土壤碳储量影响并不明显，但在水分条件较好的温性草原，温性草甸草原和高寒草甸，禁牧草地的土壤碳储量显著高于放牧草地。土壤碳库的上述响应格局与地上生物量的变化十

分相似，这说明根系生物量及其周转可能是土壤有机碳的主要输入来源（Gill et al.，1999；Gao et al.，2011）。

土壤有机碳累积是一个相对缓慢的过程（Post and Kwon，2000），在退化草地恢复过程中，土壤碳库的恢复通常滞后于植被生产力且需要较长的时间（Burke et al.，1995；Werth et al.，2005；Raiesi and Asadi，2006）。在研究中，高寒草甸和温性草原的土壤固碳速率随禁牧时间的增加而呈曲线衰减趋势。这说明在围栏工程实施初期，草地土壤固碳效率更高，随着时间推移，土壤有机碳输入和输出可能在某一时间点达到平衡状态。但是，土壤碳累积在不同的特定环境下通常表现出不一样的动态规律，因此很难从本研究中获取土壤碳平衡的准确时间。例如，在内蒙古羊草草原的研究表明，围栏禁牧后，草地土壤从碳汇转变为碳源的时间节点大约在 20 年左右（Bai et al.，2004；He et al.，2008）。在宁夏云雾山保护区的大针茅草原，长期禁牧样地的监测数据分析结果表明，土壤有机碳库在围栏禁牧 30 年后仍然持续累积（Deng et al.，2014b）。

3.4.4 可持续草地管理活动的建议与对策

研究结果表明，在我国北方退牧还草工程实施地区，围栏禁牧措施不但有效地恢复退化草地植物群落还具有较大的固碳潜力。这意味着在区域尺度上，围栏禁牧管理可以作为一种重要的陆地生态系统增汇策略（Tanentzap and Coomes，2012）。就我国的退牧还草工程而言，可以预期其在增加牧草产量和土壤碳储量方面的巨大潜力。根据研究结果，在湿润地区实施围栏禁牧具有更高的固碳效率，因此今后应当尽量在降水量充足的地区进行工程建设以最大化其固碳效益。然而，在干旱地区，围栏禁牧不能足够有效地恢复草地植被，因此，尽可能地减少牲畜数量同时加大人工草地建设可能是一个更好的选择。

总体上，围栏禁牧对植物多样性没有影响。小于 5 年的短期禁牧有利于提高物种丰富度，但是长期的围栏禁牧显著降低物种均匀度。由此可见，围栏禁牧工程下，增加草地生态系统碳汇和维系植物群落物种多样性之间存在着一定的权衡关系。我们认为，短期的围栏禁牧管理对于扭转我国由于过度放牧所导致的草地退化现状具有重要意义，因为短期禁牧不但提高了生物多样性水平，恢复了植被生产力，而且显著增加了土壤有机碳储量（Su et al.，2005；Shang et al.，2008；Liu et al.，2014）。然而，长期禁止草地放牧活动可能不是一个最优化的管理策略。首先，长期禁牧降低了物种丰富度和均匀度且不利于植物幼苗的更新补充（Wu et al.，2009；Cheng et al.，2011；Zhu et al.，2012）。其次，长期禁牧草地的土壤碳固定效率较低，在禁牧 10 年之后土壤固碳速率随禁牧持续时间的增加而急剧下降。除此之外，长期的围栏禁牧还可能阻隔野生动物的迁徙廊道从而对其生存繁殖产生危害。因此，综合草地可持续利用和经济成本两方面因素，禁牧管理的时间不可太长（Papanastasis，2009）。综合考虑植被恢复、土壤碳固持和物种多样性保护等多重目标，建议禁牧管理应当在 6 ~ 10 年停止。

国家退牧还草工程自 2003 年起已实施超过 10 年时间。因此，大部分禁牧围栏应该考虑重新开放，采用其他形式的草地管理措施进行替代，如周期性放牧、轮牧、适度放牧等（Wu et al.，2009；Papanastasis，2009）。此外，应更多地考虑使用一些综合性的工程措施或组合，如施肥、人工固沙和建植人工草地等（Shirato et al.，2005；Zhao et al.，2007；Wu et al.，2009；Li et al.，2013），这样既能维系较高的物种多样性水平，又能保障草地资源的可持续利用以及草地生态系统的碳汇作用。

3.5 本章小结

根据 Meta 分析的结果，禁牧工程有效地提高了植物群落盖度，增加了生态系统各组分碳储量以及土壤养分含量，但对于植物多样性的恢复没有明显效果。对退化草地修复而言，围栏禁牧是一种行之有效的措施。可以预期，退牧还草工程的实施能够带来巨大的固碳效益，尤其是在湿润地区。由于工程在干旱地区效果十分有限，因此应当尽可能减少牲畜数量，同时建设人工草地辅助草地植被恢复。考虑到植物多样性维系和草地碳固持间的权衡关系，应停止持续时间超过十年的工程措施。一些传统的管理手段，如周期性放牧、轮牧、适度放牧，施肥，人工固沙和建植人工草地等，应酌情搭配，作为综合性的管理策略应用于草地恢复及可持续性经营管理当中。

第4章　工程区草地 NPP 变化及其对气候因子的响应

围栏工程实施以后，人为或放牧等因素对工程区草地植被的影响被隔离，但工程区内植被仍旧受到气候因子的影响，并且对气候因子变化相当敏感。目前评价退牧还草工程效果研究中，尚没有办法将气候因子对草地 NPP 变化的影响准确剥离出去。因此，在进行退牧还草工程固碳速率及潜力研究之前，有必要对研究区 NPP 时空变化动态及其对气候因子响应情况进行充分地分析，以更加科学地把握退牧还草工程固碳效益的评价结果。

本章以 CASA 模型估算结果 NPP 为研究指标，对退牧还草工程实施区（内蒙古、甘肃、宁夏、西藏、青海、四川、新疆、云南八省份）草地植被 12 年来 NPP 时空变化特征及其对气候因子的响应作深入的研究。首先对 CASA 模型估算结果进行精度评价与验证，然后在分析草地 NPP 变化趋势的前提下，探究降水和温度气候因子与 NPP 变化之间的内在关系。

4.1　数据与方法

4.1.1　数据来源与处理

4.1.1.1　气象数据

气象数据包括用于 CASA 模型输入参数和分析 NPP 对气候因子响

应研究的全国范围 756 个气象站点 2001～2012 年月尺度气象数据，主要包括平均温度、月降水量、日照百分比。所有气象数据均来源于国家气象科学数据中心的中国地面气候资料月值数据集。

气象数据的空间插值采用 ANUSPLIN 软件完成，得到全国范围空间分辨率为 1km 的栅格数据集。该软件由澳大利亚科学家 Hutchinson 基于薄板样条理论编写，能够对数据进行合理地统计分析和数据诊断，对数据的空间分布进行分析进而实现空间插值（Hutchinson et al.，1998），主要用于气候数据曲面拟合。ANUSPLIN 软件可引入多个影响因子作为协变量，且能同时进行多个表面的空间插值，适合于时间序列气象数据的插值。插值过程中，将高程因素作为协变量，能够较好地体现地形因素的作用，该优点对于气象站点少且分布不均的八省份地区的气象插值尤为重要。已有研究表明该方法的模拟精度优于普通的克吕格法、反向距离权重法等（钱永兰等，2010）。

4.1.1.2 MODIS 数据产品

本研究所使用 MODIS 数据产品包括 FPAR、NDVI、红外波段和短波红外波段反射率等，所有数据产品都通过 FTP 方式下载自 NASA 服务器（ladsweb. nascom. nasa. gov）。研究区内分区数据为 h23（v03～v04），h24（v04～v05），h25（v03～v05），h26（v03～v06），h27（v04～v06）。所有原始数据首先使用 MODIS Reprojection Tools（MRT）工具进行提取、格式转化、投影变换等批处理操作，然后在 ArcGIS 平台进行镶嵌、提取、重采样，使用栅格统计工具进行最大值合成或求取月均值，最终得到八省份范围可用数据。

MODIS-FPAR：光合有效辐射分量数据 MOD15A2。时间分辨率为 8 天，空间分辨率 1km×1km。经最大值合成方法得到 FPAR 月值数据。该数据用于 CASA 模型输入。FPAR 算法可参见文献（Knyazikhin et al., 1999)。

MODIS-Surface Reflectance：地表反射率数据 MOD09A1。时间分辨率 8 天，空间分辨率 500m。提取近红外（841 ~ 876nm）和短波红外（1628 ~ 1652nm）两个波段数据用于计算陆地表面湿度指数，作为 CASA 模型的输入。

MODIS-Land Cover：土地覆被数据 MCD12Q1。时间分辨率为 1 年，空间分辨率为 500m，用于 CASA 模型的输入数据。

4.1.2 模型与统计分析方法

4.1.2.1 CASA 模型

基于 CASA 模型原理和发展（Potter，1993，2012），本研究利用 ArcGIS 平台构建了模型（图 4-1）。

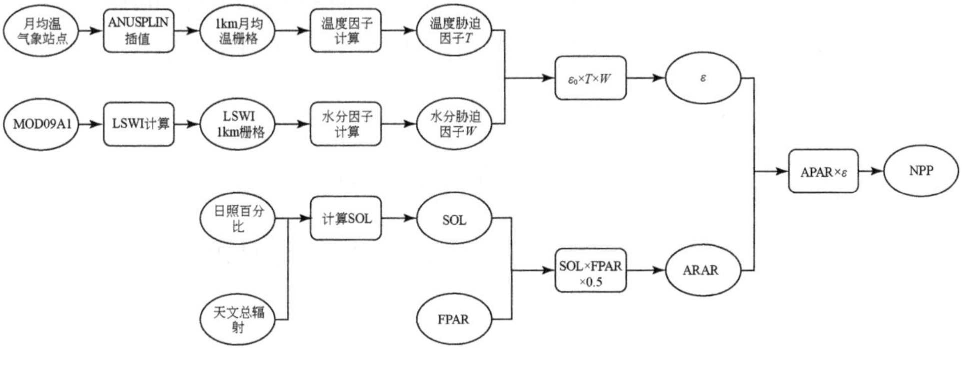

图 4-1　CASA 模型结构图

模型构建过程中，为了简化模型以及突出遥感数据与模型的结合，模型参数尽量取自遥感数据。CASA 模型计算方法如下：

$$NPP = APAR \times \varepsilon \tag{4-1}$$

$$\mathrm{APAR}=\mathrm{SOL}\times 0.5\times \mathrm{FPAR} \tag{4-2}$$

$$\varepsilon=\varepsilon_{\max}\times T\times W \tag{4-3}$$

式（4-1）是CASA模型主体。APAR含义是植被吸收的光合有效辐射；ε表示光能转化率。二者之积便是植被NPP，即单位面积植被每月所固定的有机碳量。式（4-2）是APAR的计算方法，可以分解为光合有效辐射和光合有效辐射分量（fraction of photosynthetically active radiation，FPAR）的乘积，光合有效辐射是太阳总辐射（SOL）的一半。式（4-3）是光能转化率的计算方法，$\varepsilon_{\max}$是植被进行光合作用的最大光能转化率；T表示温度胁迫系数；W表示水分胁迫系数。

太阳总辐射SOL利用气候学方法（左大康等，1963；康雯瑛，2008）计算，计算公式为：

$$\mathrm{SOL}=(a+bS)R_a \tag{4-4}$$

式中，R_a为太阳天文总辐射；S表示日照百分比，由气象站点数据插值得到1km×1km栅格；a表示阴天时到达地球表面的地球外辐射的透过系数，b为晴天时到达地球表面的地球外辐射透过率，根据部分气象站点的12年实测数据回归分析得出，值分别为0.163和0.617。

R_a计算方法：

$$R_a=\frac{T}{\pi d^2}G_{\mathrm{sc}}[\omega_{\mathrm{s}}\sin(\varphi)\sin(\delta)+\cos(\varphi)\cos(\delta)\sin(\omega_{\mathrm{s}})] \tag{4-5}$$

式中，d为日地距离；δ是太阳赤纬角；ω_{s}是日落时角；G_{sc}为太阳常数；φ为纬度。计算方法见下式：

$$d=1-0.01674\times\cos\left(0.9856\times(\mathrm{doy}-4)\times\frac{\pi}{180}\right) \tag{4-6}$$

$$\delta=-23.45\times\frac{\pi}{180}\times\cos\left(\frac{2\pi}{365}\times(\mathrm{doy}+10)\right) \tag{4-7}$$

$$\omega_{\mathrm{s}}=\arccos[-\tan(\varphi)\tan(\delta)] \tag{4-8}$$

$$\mathrm{doy}=\mathrm{INT}\left(\frac{275M}{9}\right)-K\times\mathrm{INT}\left(\frac{M+9}{12}\right)+D-30 \tag{4-9}$$

式（4-9）中，doy 表示某一特定年份的年份序数日；M 表示月份；D 表示 M 月的序数日；K 参数在闰年时值为1，平年时值为2。

FPAR 含义是植被对光合有效辐射的吸收比例，其值早期多由植被指数（如 NDVI）推导求算（朱文泉等，2005；张峰等，2008），本研究直接采用由植被冠层光能转换办法得来的 MODIS 四级产品 MOD15A1 的 FPAR 数据（Knyazikhin，1999）。

W 代表水分胁迫系数，通过式（4-10）和式（4-11）计算得出。式（4-10）中，LSWI 为陆地表面湿润指数（Xiao，2004），ρ_{nir} 和 ρ_{swir} 分别表示近红外（841～876nm）和短波红外（1628～1652nm）反射率。式（4-11）中，$LSWI_{max}$ 为每个栅格植被生长季节的最大 LSWI，该水分指数计算方法目前已多次运用到 CASA 模型中（Xiao，2004；周才平等，2008；邢晓旭等，2010）。

$$LSWI = \frac{\rho_{nir} - \rho_{swir}}{\rho_{nir} + \rho_{swir}} \tag{4-10}$$

$$W = \frac{1 + LSWI}{1 + LSWI_{max}} \tag{4-11}$$

气候胁迫计算方法参见文献（Potter et al.，1993），其中所用到的降水数据来源于站点数据插值。

4.1.2.2 趋势变化分析方法

变化趋势分析方法（张戈丽等，2010）表征研究区植被绿度或生产力的年际变化趋势，趋势变化率（rate of change，RC）基于一元线性回归拟合方法，指一定时间内研究指标年际变化的斜率，来表征研究时段内某一变量的变化趋势及变化幅度。

$$RC = \frac{n \times \sum_{i=1}^{n} i \times y_i - \sum_{i=1}^{n} i \sum_{i=1}^{n} y_i}{n \times \sum_{i=1}^{n} i^2 - \left(\sum_{i=1}^{n} i\right)^2} \tag{4-12}$$

式中，RC 为趋势变化率；i 为年序号；n 为研究的时间序列长度，根据具体研究数据决定；y_i 为第 i 年的变量值。RC>0 时，说明该变量在研究时段内的变化趋势是增加的，反之减少；RC 绝对值越大，该变量增加的幅度越大，反之越小。

变化百分比用来描述变化增量占起始基础值的百分比。在 NPP 变化趋势分析中，计算 NPP 年际变化率的同时，计算 NPP 变化百分比，以消除各区域 NPP 之间的空间差异对年际变化幅度造成的影响，从另一个角度衡量 NPP 变化幅度。

4.1.2.3 相关关系研究

涉及相关系数和偏相关系数的计算。相关分析方法分析两个地理要素之间存在的相关性，偏相关分析旨在解决多要素所构成的地理系统中，一个要素的变化影响到其他各要素的变化的情况，当两个变量同时与第三个变量相关时，将第三个变量的影响剔除，只分析另外两个变量之间相关程度（张戈丽等，2010）。在研究区草地 NPP 变化对气候因子响应分析研究中，分析 NPP 与气候因子之间的相关性以及偏相关性，研究草地 NPP 变化与气候因子变化之间的关系。二者计算公式如下：

$$r_{xy} = \frac{\sum_{i=1}^{n}\sum_{j=1}^{n}(x_{ij} - \bar{X})(y_{ij} - \bar{Y})}{\sqrt{\sum_{i=1}^{n}\sum_{j=1}^{n}(x_{ij} - \bar{X})^2 \sum_{i=1}^{n}\sum_{j=1}^{n}(y_{ij} - \bar{Y})^2}}$$

$$r_{xy \cdot z} = \frac{r_{xy} - r_{xz}r_{yz}}{\sqrt{(1 - r_{xz}^2)(1 - r_{yz}^2)}}$$

式中，$r_{xy \cdot z}$为变量 z 固定后变量 x 与 y 的偏相关系数；r_{xy}为变量 x 与变量 y 的相关系数；r_{yz}为变量 y 与变量 z 的相关系数；r_{xz}为变量 x 与变量 z 的相关系数；x_{ij}、y_{ij}分别为第 i 年第 j 月 NDVI 值和月均温或月降水量值；$\bar{X}$、$\bar{Y}$分别为 NDVI 多年月平均值和研究时间段的多年月均温或月降水量值。

本研究中涉及的变量都为空间栅格数据集，为了得到每个像元点上的趋势变化率或相关系数，基于 ArcGIS 平台使用 Python 代码编写了单变量变化趋势以及两变量间相关系数的工具。

4.2 CASA 模型精度评价与验证

CASA 模型模拟结果验证有一定难度，由于难以区分自养呼吸与异养呼吸，目前比较流行的涡度相关技术对于 NPP 的验证存在很大的不确定性，而且野外采样点样方与 NPP 模拟结果栅格在面积尺度上的差异也影响模型验证的精度。本研究将 37 个野外采样点得到的地上生物量实测数据通过常规方法（周才平等，2008）转换成 NPP 数据，分析成对 NPP 模拟值与 NPP 实测值之间的相关性、平均误差、变化趋势来进行模型精度评价。平均绝对误差为所有采样点 NPP 模拟值与 NPP 实测值之差的绝对值的平均，平均相对误差为所有样点 NPP 模拟值与 NPP 实测值之差与 NPP 实测值之比，具体计算公式见相关参考文献（张峰等，2008）。分析结果显示，NPP 模拟值与 NPP 实测值之间平均绝对误差值为 41.06gC/(m^2·a)，平均相对误差值为-11.30%，两个误差值都相对较小。随样点的变化，NPP 模拟值与 NPP 实测值的变化趋势具有很好的一致性［图 4-2（a）］，且相关分析结果显示［图 4-2（b）］，它们之间具有显著相关性（R^2=0.87，P<0.01，n=37），说明 CASA 模型模拟结果较为理想。

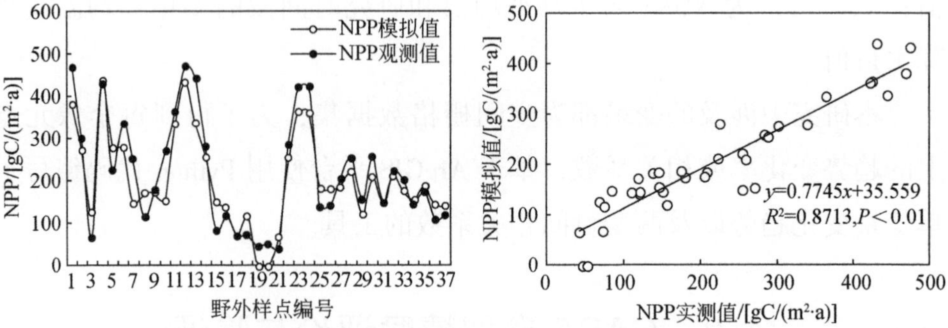

(a)NPP实测值与NPP模拟值随样点变化情况　　(b)NPP实测值与NPP模拟值相关性分析

图 4-2　CASA 模型模拟结果精度评价

4.3　工程区草地 NPP 时空格局分析

研究区草地最高 NPP 值为 1278.12 g C/(m^2 · a)。青藏高原地区，草地 NPP 由东南向西北递减，与植被类型从草甸草原、草原、荒漠草原、荒漠变化类型一致。内蒙古干旱半干旱草原区，草地 NPP 由东北向西南方向递减。新疆地区草地斑块 NPP 呈现中心高、边缘低的特征，高于同经度青藏高原地区草原 NPP。统计结果显示，研究区草地 NPP 平均为 186.49 g C/(m^2 · a)，草地生产力总量约 0.71Pg C/a。图 4-3 给出了各省份草地平均 NPP 的比较，云南省平均 NPP 最高，且高出其余省份很多，达到 528.23 g C/(m^2 · a)；西藏平均生产力最低，仅有 113.89 g C/(m^2 · a)。可见研究区草地 NPP 空间变化大，草地 NPP 与水热组合条件的变化息息相关。

4.3.1　草地 NPP 时间变化特征

图 4-4 是八省份草地 NPP 月变化情况。NPP 值似正弦曲线波动变

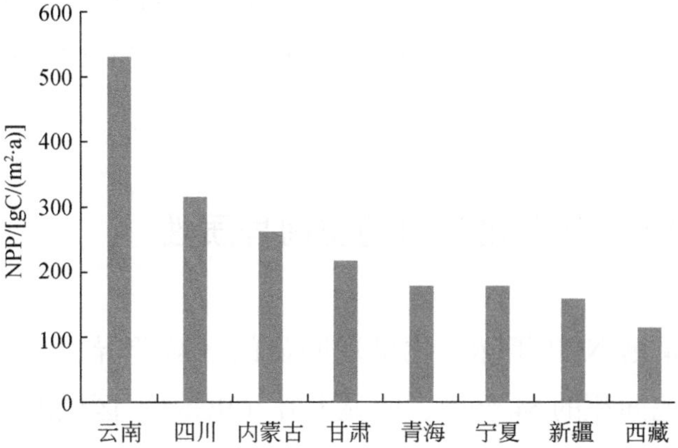

图 4-3　各省份草地平均 NPP

化，月值 NPP 变化范围在 0 ~ 45 g C/m^2。NPP 最大值出现在 7 月、8 月，最低值出现在 11 月、12 月、1 月，不同年份相同月份的 NPP 值也呈现波动变化趋势。

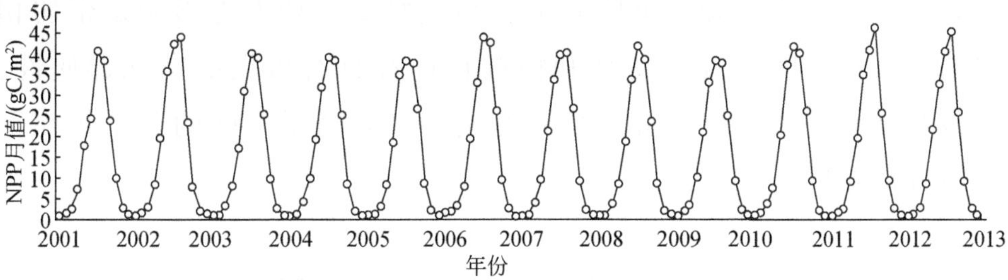

图 4-4　研究区草地 NPP 月变化

研究区草地平均 NPP 多年来呈现波动上升趋势，2001 年最低，值为 172.06g C/(m^2 · a)，2011 年最高，值为 195.50g C/(m^2 · a)。12 年来 NPP 以每年 1.34g C/m^{2}的速率增长，增加比例为 13.26%。

研究区草地平均 NPP 在 2001 年和 2006 年存在突增现象，出现峰值，之后又都迅速下降。2008 ~ 2012 年，研究区草地 NPP 呈现持续增长趋势。从生长季 6 ~ 8 月 NPP 变化曲线看，研究区每年 NPP 最大值一般出现在7月、8月，而8月 NPP 年际变化特征与年 NPP 变化特征极其相似，一定程度上说明 8 月 NPP 差异对 NPP 年际变化的影响最大。

4.3.2 NPP 年际变化趋势的空间异质性

八省份草地 NPP 年际变化呈现明显的区域差异，上升趋势的草地面积占总草地面积的54.46%，明显上升（RC>3）区域占23.35%，明显下降（RC<-3）区域占7.41%。除去青藏高原中西部区域草地 NPP 变化趋势比较平缓外，其余地区 NPP 多数呈现显著的变化动态。下降趋势的草地成片聚集分布在各个省份。青海、宁夏、甘肃、内蒙古东部都有明显上升区域草地分布，下降趋势严重的区域分布在新疆北部、四川云南部分区域、西藏拉萨市、青海东南部分。草地生产力出现明显的上升或下降趋势，与气候变化和人为影响是密切相关的，八省份区域气候特征和植被特征都具有极大的空间异质性，应该对具体区域具体研究，NPP 变化与气候因子之间的关系将在下一节分析探讨。

4.4 NPP 变化对气候因子的响应分析

4.4.1 简单相关性分析

图4-5（a）是12年来 NPP 月值与月降水量和月均温简单相关性分析，结果显示降水和 NPP 具有极强的正相关关系，当温度大于0℃时，温度与 NPP 也呈现显著正相关关系。但 NPP 年际变化与降水和温度年际变化的相关性却并非如此。

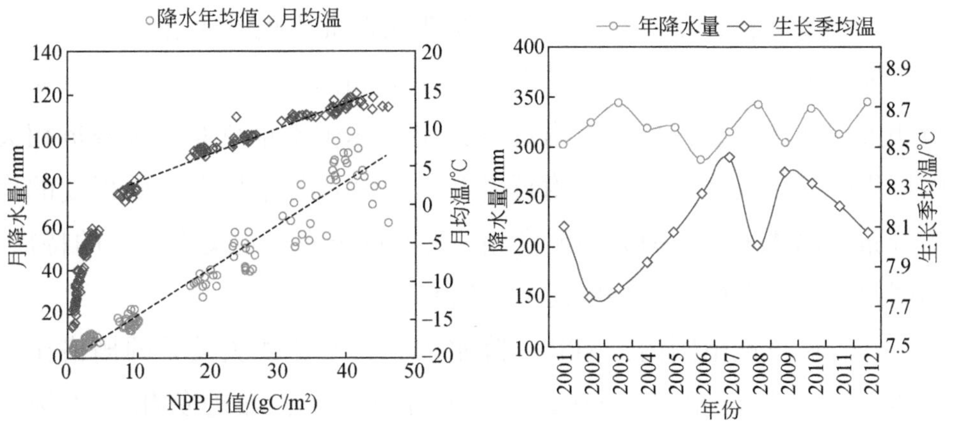

(a)NPP与气候因子相关性　　(b)气候因子年际变化

图 4-5　NPP 与气候因子相关性分析及气候因子年际变化

图4-5（b）为研究区年降水量和生长季均温年际变化曲线。2002～2007 年，生长季均温持续上升，在2008 年突然下降，之后年份又恢复到较高水平逐渐降低。而年降水量没有明显变化趋势，维持在一定水平上下波动。对比 NPP 年际变化曲线可知，生长季均温和 NPP 年际变化曲线比较相似，都呈现上升趋势，但 NPP 与温度和降水的相关系数都很小且不显著（分别是 0. 31 和 0. 05），说明以整个研究区平均值做研究的话，很难发现它们两两之间的相关性，研究区平均值掩盖了研究区内各部分之间的空间异质性。

4. 4. 2　偏相关分析

逐栅格计算了研究区草地 NPP 与生长季平均气温，以及草地 NPP 与年降水量之间的偏相关系数。八省份草地范围内，NPP 与温度因子具有正相关关系的栅格比例占 60%，显著正相关（$P<0.5$）比例占 20%，显著负相关比例占 5. 1%。具有显著正相关区域集中分布在青藏高原的北部和东部，集中在西藏中部和北部的尼玛县、双湖县、班

戈县、安多县，青海西南部各县以及四川西北部的石渠县。这部分区域草地类型主要为：禾草、薹草高寒草原和嵩草、杂草类草甸。显著负相关的区域分布在拉萨市附近各县温带丛生禾草草原。显著负相关区域集中分布在西藏拉萨市附近各县，内蒙古各市均有不同程度的聚集分布。总体来看，NPP 与温度相关性空间分布呈现集中分区的特征，不同地区对气温的变化响应是不一致的。

八省份草地范围内，NPP 与降水因子具有正相关关系的栅格比例占46%，显著正相关（>0.5）比例占 10.3%，显著负相关比例占 13.9%。具有显著正相关区域集中分布在西藏双湖县中部、青海东北部、甘肃、内蒙古中部、新疆等，覆盖禾草、薹草高寒草原，温带丛生禾草草原，温带丛生矮禾草、矮半灌木荒漠草原等多种植被型。显著负相关区域分布在青藏高原大部分和内蒙古北部。总体来看，NPP 与降水量相关性空间分布也呈现集中分布的特征。

综合以上分析，青藏高原北部区域，包括西藏北部、青海、甘肃大部分，以及新疆部分区域，NPP 与生长季均温正相关，这些区域受气候变暖影响较大。而甘肃、宁夏、内蒙古中部和北部区域，NPP 与年降水量正相关，这些区域受水分因子限制较大。而新疆地区大部分区域与降水和温度都是正相关的，这一区域对温度和降水都有很好的响应关系。

4.4.3 气候变化对 NPP 的影响

水热变组合从南到北呈现明显的条带状变化，依次是温度上升，降水减少组合（称之为“暖干型”，下同）；温度上升、降水增多组合（称之为“暖湿型”，下同）；温度下降、降水下降组合（称之为“冷干型”，下同）；温度下降，降水增多（称之为“冷湿型”，下同）。青藏高原、甘肃、新疆等地大面积 NPP 上升区域属于“暖干型”或“暖湿型”，说明这些地区大范围草地对温度因子敏感，对降水不敏感，气候变暖导致其草地生产力提高。内蒙古大部分区域属于“冷湿型”，说明内蒙古高纬度区域草地 NPP 的上升与降水增多有关，干旱半干旱草原对降水更加敏感。而内蒙古有一部分集中区域 NPP 上升是由“冷干”所致，有悖常理，这种现象很有可能与当地生态工程的实施有关，此处不做具体研究。

水热变组合从南到北也有条带性变化特征。“暖干型”组合集中分布在西藏、云南、四川大部分以及新疆南部，降水减少造成这些区域 NPP 减少，这些区域对水分因子较为敏感。“暖湿型”组合集中分布在青海和新疆北部区域，这部分区域 NPP 减少的原因应该是温度上升过快，超过了降水上升的程度，而造成实际上的“暖干型”气候，导致 NPP 下降。“冷干型”组合主要分布在内蒙古的中部地区，这一区域 NPP 减少是由于冷干的气候所致，基于上一段分析，降水的减少是引起该区域 NPP 减少的主要因子。“冷湿型”分布在内蒙古北部草原区域，温度降低导致该区域 NPP 减少。

NPP 下降区域零散分布在研究区各个省份，更像是一些局部现象。而 NPP 上升区域广泛分布在研究区各个省份，分布面积广且十分集中，NPP 减少区域是由局部气候变化引起的，NPP 增多在研究区广泛分布和存在。

4.5 本章小结

本章得出结论如下：

（1）八省份草地平均 NPP 为 186.49gC/($m^2 \cdot a$)，草地生产力总量约 0.71PgC。研究区 NPP 空间分布特征为：青藏高原地区草地 NPP 由东南向西北递减，内蒙古草地 NPP 由东北向西南方向递减，新疆地区草地斑块 NPP 呈现中心高、边缘低的特征，高于同经度青藏高原地区草原 NPP。研究区 NPP 时间变化特征为：研究区草地平均 NPP 多年来呈现波动上升趋势，12 年来 NPP 以每年 1.34gC/m^2的速率增长，增加比例为 13.26%。

（2）八省份草地 NPP 年际变化呈现明显的区域差异，上升趋势的草地面积占总草地面积的 54.46%，明显上升（RC>3）区域占 23.35%，明显下降（RC<-3）区域占 7.41%。青海、宁夏、甘肃、内蒙古东部都有明显上升区域草地分布，下降趋势严重的区域分布在新疆北部、四川云南部分区域、西藏拉萨市、青海东南部分。

（3）简单分析结果显示，研究区草地平均 NPP 与降水和温度之间相关性很弱，研究区平均值掩盖了研究区内各部分之间的空间异质性。

（4）偏相关分析显示，青藏高原北部区域，包括西藏北部、青海、甘肃大部分，以及新疆部分区域，NPP 与生长季均温正相关，这些区域受气候变暖影响较大。而甘肃、宁夏、内蒙古中部和北部区域，NPP 与年降水量正相关，这些区域受水分因子限制较大。而新疆地区大部分区域与降水和温度都是正相关的，这一区域对温度和降水都有很好的响应关系。

（5）草地 NPP 年际变化受到降水和温度组合条件的影响，水热组合条件又具有空间分布差异性。NPP 下降区域零散分布在研究区各个省份，更像是一些局部现象。而 NPP 上升区域广泛分布在研究区各个省份，分布面积广且十分集中。NPP 减少区域是由局部气候变化引起的，NPP 增多在研究区广泛分布和存在。青藏高原及其周边区域对温度因子敏感，对降水因子不敏感，温度上升引起此区域草地 NPP 大范围上升。内蒙古高纬度区域草地 NPP 的上升与降水增多有关，说明干旱半干旱草原对降水更加敏感。新疆地区 NPP 上升主要是由降水增多引起，但温度上升会导致其 NPP 的下降。温度上升过多所形成的“暖干型”组合条件是引起全国范围 NPP 下降的原因，全球气候变暖会导致一些区域生产力的下降。

第5章 退牧还草工程区草地碳库基线及现状

确定基线或基准水平是生态工程固碳评估的核心问题之一，因此，弄清工程区碳库基线水平及现状是准确评估退牧还草工程固碳速率及潜力的重要前提条件。已有不少学者对我国草地生态系统碳库进行了估算（Ni，2002；2005；朴世龙等，2004；Li et al.，2004；Piao et al.，2007；Xie et al.，2007；Fan et al.，2008；Yang et al.，2010a，b），但研究结果表现出较大的差异。例如，Ni（2005）利用《中国草地资源》调查数据的估算结果表明中国草地（2.99×10^8 hm^2）植被地上碳库约为134.9Tg，平均碳密度为$1.23Mg/hm^2$，范围在$0.11\sim4.34Mg/hm^2$。Piao et al.(2007）利用相同数据源结合NDVI数据的估算表明，中国北方草地（$2.28\times10^8hm^2$）植被地上和地下部分碳库分别约为94.6Tg和698.4Tg，碳密度分别为$0.42Mg/hm^2$和$3.07Mg/hm^2$。Xie等（2007）基于第二次全国土壤普查数据估算的$2.49\times10^8hm^2$中国北方草地1m深度的土壤碳库约为37.7Pg。Yang等（2010b）根据样带实地调查数据的估算结果表明我国北方草地（$1.96\times10^8hm^2$）1m深度土壤碳库约为16.7Pg，平均碳密度为$85Mg/hm^2$。此外，上述研究所使用的数据源、研究方法以及草地面积都存在一定差异，并不能适应退牧还草工程固碳评估的需求，因此有必要对工程实施区域的草地碳库基线和现状进行系统的估算。由于退牧还草工程始于2003年，工程范围至今已覆盖十多个省份，其中内蒙古、新疆、宁夏、甘肃、青海、西藏、四川7个省（自治区）的实施面积占到整个工程面的95%以上，因此本章及后面章节中对于工程固碳效益的评估主要针对以上七省份。本章根据文献调研数据以及清查数据（2010 年），估算了工程区草地植被及土壤碳密度与碳库基线及现状的空间分布。

5.1 数据及方法

5.1.1 文献数据整理

退牧还草工程启动期为 2003 年，由于该期间未对工程区域的草地碳储量进行清查，因此工程初始期草地碳库数据主要来自对历史文献资料的挖掘。对中国知网（CNKI）和 ISI Web of Science 两大数据库系统进行文献检索，收集了报道退牧还草工程区（七省份）草地生态系统碳库（2003 年左右）的相关中英文文献 21 篇；其中 Yang 等（2010a，b）在 2001 ~ 2004 年广泛调查了我国北方六省份（内蒙古、新疆、宁夏、甘肃、青海、西藏）草地生态系统碳密度，包括 265 个植被碳密度和 327 个土壤碳密度（100cm 深度）数据。在工程初期，四川省内工程区草地碳密度数据较为缺乏，因而初始碳库直接使用清查期（2010 年）数据进行计算。同时，从原农业部草原监理中心获取了工程初始期退牧还草工程七省份的大量样方调查数据，作为植被碳密度数据的补充，该数据仅报道了草地植被生物量，使用转换因子 0.45 将其转换为植被碳库（Olson et al.，1983）。

依据退牧还草工程县级的实施区域范围，筛选得到工程区域内的数据样点。按照《中国草地资源》（中华人民共和国农业部畜牧兽医司，1996）18 个草地类对草地类型进行划分，进而得到各工程实施省份不同类型草地碳密度。经提取，共获取草地植被碳密度数据点 554 个，土壤碳密度数据点 415 个，较好地覆盖了退牧还草工程 7 个实施省份的主要草地类型（图 5-1）。

图 5-1　工程基线（2003 年左右）数据样点分布

5.1.2 样地调查

通过清查法对退牧还草工程区内、外草地地上生物量、地下生物量和土壤碳密度进行调查，野外调查于 2011 ~ 2012 年 7 ~ 8 月进行，涵盖内蒙古、四川、西藏、甘肃、青海、宁夏和新疆七省份。在实地取样过程中，选择植物生长均匀、微地形差异较小的地段布设 1 条 100m 长的样线，沿样线设 5 个 1m×1m 草地样方用于取样。采用刈割法收获群落地上生物量，用直径 7cm 的根钻对角线法获取 0 ~ 100cm 群落地下生物量样品。所有植物样品带回室内后用烘箱 105℃ 杀青 20min，然后 65℃烘干至恒重，称取干重。采用直径 4cm 土钻在每一样方中分层钻取 5 钻，获取 0 ~ 100cm 深度的土壤样品，土样风干后过 0.149mm 网筛待测。在每条样线旁挖一个容重坑（长 150cm，宽 50cm，深 100cm），用 $100cm^3$ 环刀取土样测定土壤容重。土壤砾石比含量参照陈杰（2007）的方法进行测定。植物和土壤碳含量用重铬酸钾容量法进行测定（中国科学院南京土壤研究所，1978）。土壤有机碳密度（SOC_d）通过下式进行计算（Xie et al.，2007）：

$$SOC_d = SOC_c \times \rho \times H \times (1-\delta_{2mm}) \times 10^{-1} \tag{5-1}$$

式中，SOC_c为土壤有机碳含量（g/kg）；ρ 为土壤容重（g/cm^3）；H 为土层深度，为 100cm；δ_{2mm}为大于 2mm 砾石体积比（%）。

野外调查数据代表了清查期（2010 年）退牧还草工程区内、外的草地碳密度现状。本数据库中，一共包括工程区内数据样点 462 个，工程区外样点 457 个，涵盖了退牧还草工程实施的主要区域（图 5-2）。

图 5-2 清查期（20 世纪 10 年代）调查样地分布图

5.1.3 工程实施面积

退牧还草工程实施面积数据来源于农业部（现农业农村部）草原监理中心提供的统计数据，该数据为分县统计后汇总的各省份工程实施面积。按照《中国草地资源》（中华人民共和国畜牧兽医司，1996）分类标准，退牧还草工程区域主要涵盖了温性草甸草原、温性草原、温性荒漠草原、高寒草甸草原、高寒草原、高寒荒漠草原、温性草原化荒漠、温性荒漠、低地草甸、山地草甸和高寒草甸 11 个草地类。因为无法在空间上定位工程的具体实施范围，假设各省份内不同类型草地的工程实施面积按草地类的比例进行分配，进而得到 2003～2010 年各省份不同草地类的工程实施面积（表 5-1）。

表 5-1　2003～2010 年退牧还草各省份不同类型草地工程实施面积

（单位：10^4hm^2）

类别	内蒙古	四川	西藏	甘肃	青海	宁夏	新疆	汇总
温性草甸草原	171.27							171.3
温性草原	391.26			78.37	27.54	86.45	117.60	701.2
温性荒漠草原	166.74			41.65		177.74	131.41	517.6
高寒草甸草原			51.18					51.2
高寒草原			225.70	76.91	164.02		47.02	513.7
高寒荒漠草原			70.80					70.8
温性草原化荒漠	160.53					31.48	112.14	304.1
温性荒漠	668.08			278.84			434.97	1381.9
低地草甸	219.45						80.86	300.3
山地草甸		231.50		111.03			85.59	428.1
高寒草甸		565.20	112.90	170.70	651.72		101.8	1602.3
汇总	1777.3	796.7	460.6	757.5	843.3	295.7	1111.4	6042.5

如表 5-1 所示，2003～2010 年退牧还草工程实施总面积为 6042.5

万 hm^2，其中内蒙古和新疆实施面积较大，分别为 1777.3 万 hm^2 和 1111.4 万 hm^2，两省份实施面积占工程实施总面积比例接近 50%，其余省份由大至小分别为青海（843.3 万 hm^2）、四川（796.7 万 hm^2）、甘肃（757.5 万 hm^2）、西藏（460.6 万 hm^2）和宁夏（295.7 万 hm^2）。不同草地类来看，高寒草甸类的实施面积最大，约为 1602.3 万 hm^2，高寒草甸草原类最小，约为 51.12 万 hm^2，其余各类型草地工程实施面积从大至小依次为温性荒漠类（1381.9 万 hm^2）、温性草原类（701.2 万 hm^2）、温性荒漠草原类（517.6 万 hm^2）、高寒草原类（513.7 万 hm^2）、山地草甸类（428.1 万 hm^2）、温性草原化荒漠类（304.1 万 hm^2）、低地草甸类（300.3 万 hm^2）、温性草甸草原类（171.3 万 hm^2）和高寒荒漠草原（70.8 万 hm^2）。

5.1.4 计算方法

基于获取的文献及样地调查得到的草地植被及土壤碳密度数据，将工程实施区域按照省份草地类为基本单元进行划分。其中，内蒙古共涵盖了 6 种类型草地，包括温性草甸草原类、温性草原类、温性荒漠草原类、温性草原化荒漠类、温性荒漠类和低地草甸类；四川涵盖了山地草甸类和高寒草甸类 2 种类型草地；西藏包括高寒草甸草原类、高寒草原类、高寒荒漠草原类和高寒草甸类 4 种类型草地；宁夏涵盖了温性草原类、温性荒漠草原类和温性草原化荒漠 3 种类型草地；甘肃包括温性草原类、温性荒漠草原类、高寒草原、温性荒漠类、山地草甸类和高寒草甸类 6 种类型草地；青海涵盖了温性草原类、高寒草原类和高寒草甸类 3 种类型草地；新疆包括 8 种类型草地，分别为温性草原类、温性荒漠草原类、高寒草原类、温性草原化荒漠类、温性荒漠类、低地草甸类、山地草甸类和高寒草甸类（图 5-1，图 5-2，表 5-1）。采用正态分布拟合得到均值及误差范围，草地碳密度乘以对应的面积即为碳储量。进而得到草地生态系统碳密度和储量的基线值（2003 年）以及现状水平（2010 年）。

5.2 草地碳密度和碳储量基线的空间分布

图 5-3 显示了退牧还草工程初始（2003 年）草地植被和土壤碳密度的频度分布特征。草地生态系统各组分碳密度的频度分布均表现为偏态分布，变异程度较大。草地地上生物量碳密度范围在 0.01 ~ 1.95Mg/hm²，平均值为 0.42Mg/hm²，95% 置信度的标准误差为 0.02Mg/hm² [图 5-3 (a)]。草地地下生物量碳密度范围在 0.05 ~ 10.90Mg/hm²，平均值为 2.46Mg/hm²，95% 置信度的标准误差为 0.11Mg/hm² [图 5-3 (b)]。草地土壤有机碳密度范围在 3.9 ~ 412.2Mg/hm²，平均值为 86.01Mg/hm²，95% 置信度的标准误差为 3.48Mg/hm² [图 5-3 (c)]。

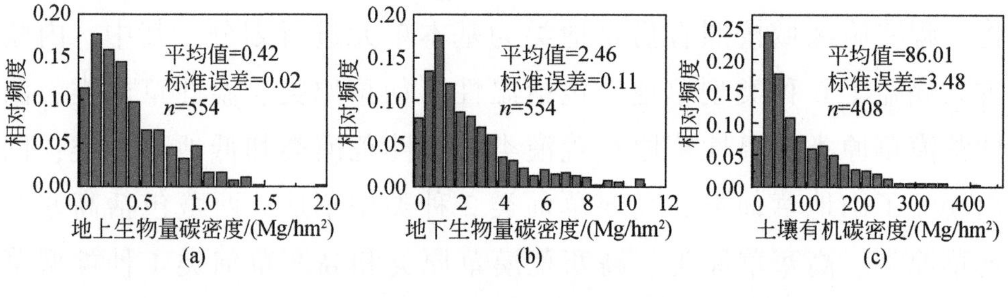

图 5-3　退牧还草工程初始期草地地上生物量（a）、地下生物量（b）和土壤有机碳密度（c）的频度分布

图 5-4 ~ 图 5-6 显示了工程初始期（2003 年）各省份不同草地类的地上生物量、地下生物量和土壤有机碳密度。可以看到，各省份不同类型草地的碳密度存在较大差异。从植被地上部分碳密度来看，四川、甘肃和新疆三省份的山地草甸类以及内蒙古的温性草甸草原类较

高，分别为 0.82Mg/hm^2、0.85Mg/hm^2、0.82Mg/hm^2 和 0.71Mg/hm^2；甘肃的温性荒漠草原类草地地上部分碳密度最低，仅为 0.13Mg/hm^2（图 5-4）。从植被地下部分碳密度来看，甘肃和四川的山地草甸类居前两位，分别达到了 5.28Mg/hm^2 和 5.13Mg/hm^2；西藏的高寒草原类和高寒荒漠草原类地下生物量碳密度均不足 1.00Mg/hm^2，分别为 0.9Mg/hm^{2}和 0.6Mg/hm^2（图 5-5）。从土壤有机碳密度来看，新疆的山地草甸类最高，达到 198.74Mg/hm^2，四川的高寒草甸类次之，为 191.55Mg/hm^2；土壤有机碳密度最低的为新疆温性荒漠类，仅为 16.95Mg/hm^2（图 5-6）。

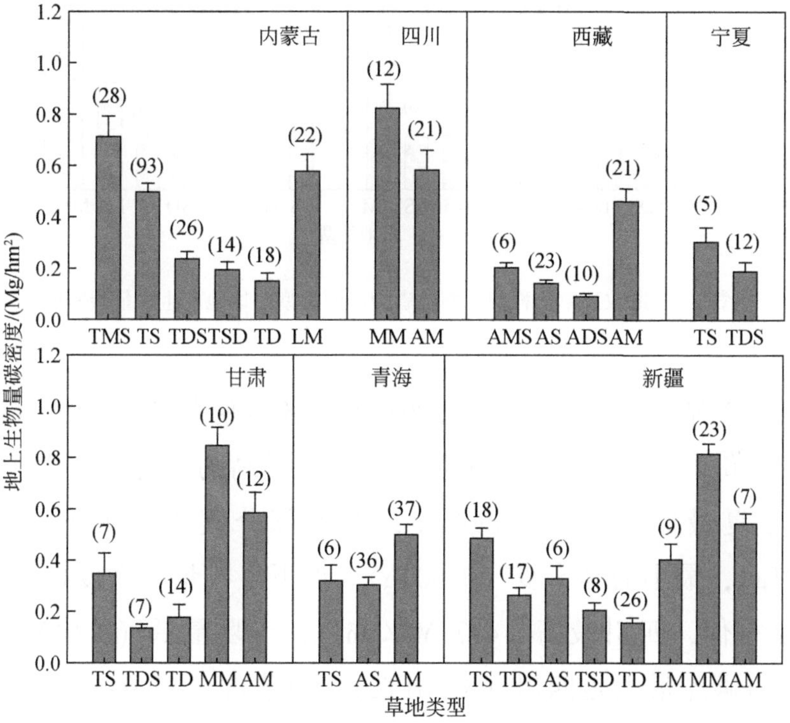

图 5-4　退牧还草工程初始期各省份不同类型草地地上生物量碳密度

注：误差线表示标准误差，括号内数字为样本数量。TMS，温性草甸草原；TS，温性草原；TDS，温性荒漠草原；AMS，高寒草甸草原；AS，高寒草原；ADS，高寒荒漠草原；TSD，温性草原化荒漠；TD，温性荒漠；LM，低地草甸；MM，山地草甸；AM，高寒草甸。下同

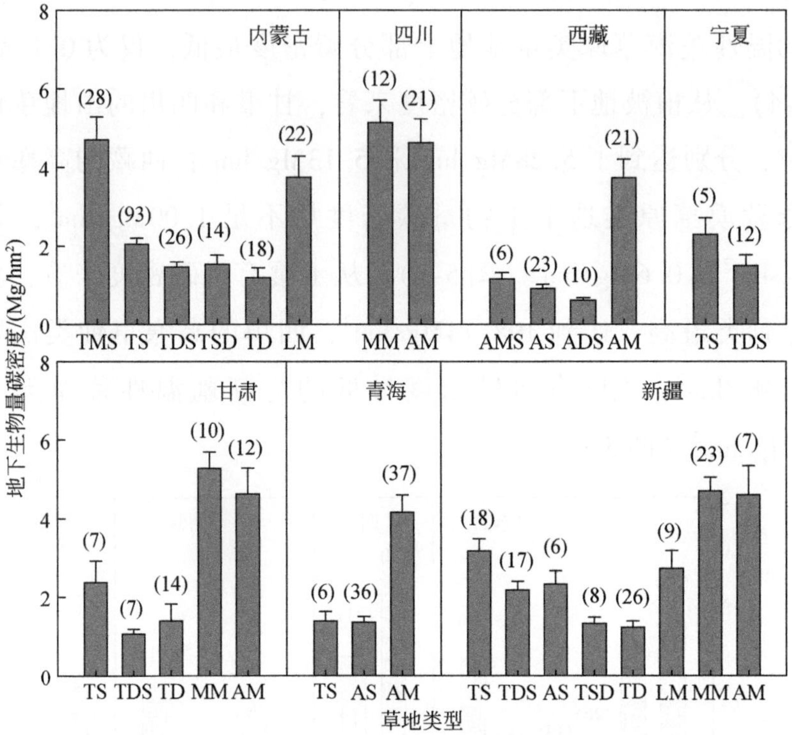

图 5-5 退牧还草工程初始期各省份不同类型草地地下生物量碳密度

表5-2显示了工程初始（2003年）各省份草地碳密度及碳库水平。七省份中，四川是地上生物量碳密度最高的省份，约为0.65Mg/hm^2，宁夏最低，为0.20Mg/hm^2；地上部分碳库最大的是内蒙古(6.13Tg)，最小的是宁夏（0.60Tg)。地下生物量碳密度格局与地上生物量相似，四川最高（4.77Mg/hm^2)，宁夏最低（0.61Mg/hm^2)；地下部分碳库最大是四川（38.01Tg)，内蒙古（37.04Tg）次之，宁夏最小，约为4.62Tg。从土壤有机碳密度来看，四川的土壤有机碳密度最高，达到188Mg/hm^2，这是因为该省份工程区域仅包括高寒草甸和山地草甸两种具有较高碳密度的草地类型；土壤有机碳密度最低的为西藏和宁夏，分别为44.72Mg/hm^{2}和42.14Mg/hm^2。就土壤有机碳

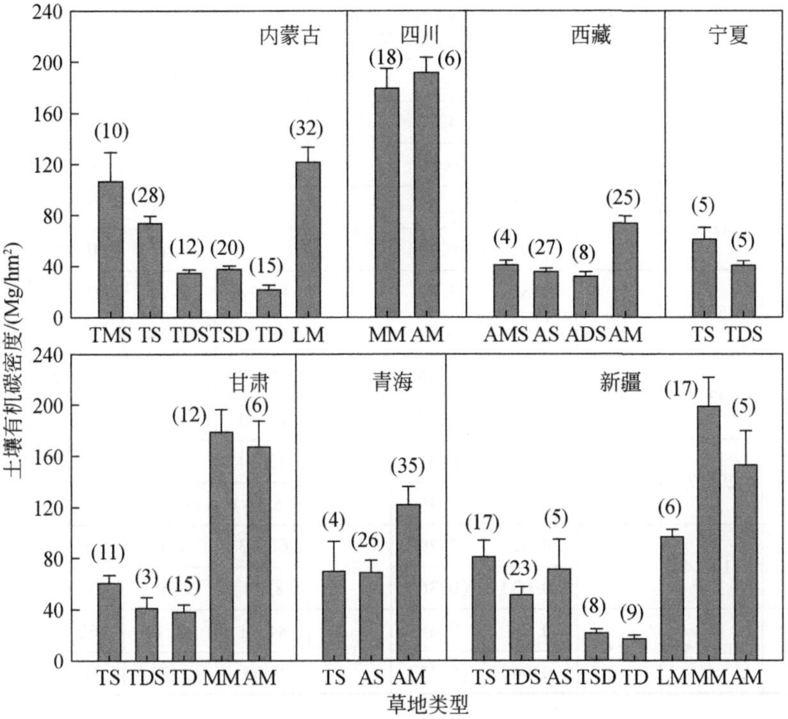

图 5-6 退牧还草工程初始期各省份不同类型草地土壤有机碳密度

库来看，仍为四川最高，为 1497.81Tg，宁夏最低，仅为 124.59Tg，这与其较低的平均碳密度和较小的实施面积有关。总体来看，中国北方草地退牧还草工程区域草地初始总碳库约为 5285.52Tg，其中草地植被碳库约为 185.25Tg（地上部分碳库 23.14Tg，地下部分碳库 162.11Tg），土壤有机碳库约为 5100.27Tg。

表 5-2 退牧还草工程初始期不同省份草地碳密度及碳库

省份	面积 /10^4hm^2	n	碳密度/(Mg/hm^2)				碳库/Tg		
			地上	地下	n	土壤	地上	地下	土壤
内蒙古	1777.3	117	0.35 (0.04)	2.08 (0.29)	10	56.04 (5.64)	6.13 (0.73)	37.04 (5.09)	996.01 (100.25)

续表

省份	面积 /10^4hm^2	n	碳密度/(Mg/hm^2)				碳库/Tg		
			地上	地下	n	土壤	地上	地下	土壤
四川	796.7	24	0.65 (0.08)	4.77 (0.60)	65	188.00 (13.09)	5.21 (0.65)	38.01 (4.79)	1497.81 (104.31)
西藏	460.6	64	0.22 (0.02)	1.58 (0.19)	43	44.72 (3.73)	1.01 (0.11)	7.27 (0.90)	205.98 (17.17)
甘肃	757.5	47	0.36 (0.06)	3.52 (0.43)	4	86.28 (10.39)	2.76 (0.44)	19.96 (3.26)	653.57 (78.73)
青海	843.3	65	0.46 (0.04)	1.56 (0.38)	56	109.70 (13.83)	3.87 (0.32)	29.72 (3.17)	925.11 (116.64)
宁夏	295.7	10	0.20 (0.04)	0.61 (0.36)	8	42.14 (5.04)	0.60 (0.11)	4.62 (0.87)	124.59 (14.89)
新疆	1111.4	88	0.32 (0.03)	2.29 (0.36)	28	62.73 (8.44)	3.57 (0.35)	25.48 (3.06)	697.21 (93.83)
汇总	6042.5	415	0.38 (0.04)	2.68 (0.35)	39	84.41 (9.05)	23.14 (2.70)	162.11 (21.14)	5100.27 (546.83)

注：括号内数字为标准误差

表5-3显示了工程初始（2003年）不同类型草地碳密度及碳库水平。以草地植被地上部分碳密度而论，山地草甸类和温性草甸草原类居前两位，分别为0.83Mg/hm^2，0.71Mg/hm^2，高寒荒漠草原类最低，仅为0.09Mg/hm^2；地上部分碳库最大是高寒草甸类，约为8.65Tg，高寒荒漠草原最小，约为0.06Tg。以草地地下生物量碳密度而论，山地草甸类最高（5.09Mg/hm^2），仍为高寒荒漠草原类最低（0.61Mg/hm^2）；植被地下部分碳库最高的是高寒草甸类（70.03Tg），高寒草甸草原类和高寒荒漠草原类最低，分别为0.59Tg和0.43Tg。以草地土壤碳密度而论，山地草甸类最高，达到183.01Mg/hm^2，温性荒漠类最低，仅为23.30Mg/hm^2；高寒草甸类的土壤碳库约2400.07Tg，约占土壤碳库总量的47%，土壤初始碳库最小的是高寒草甸草原类，仅为20.75Tg。

表 5-3　退牧还草工程初始期不同类型草地地上生物量、地下生物量和土壤碳密度及碳库

草地类	面积/$10^4 hm^2$	n	碳密度/(Mg/hm^2)				碳库/Tg		
			地上	地下	n	土壤	地上	地下	土壤
温性草甸草原	171.3	28	0.71 (0.08)	4.70 (0.59)	10	106.28 (22.86)	1.22 (0.14)	8.05 (1.01)	182.03 (39.15)
温性草原	701.2	129	0.45 (0.04)	2.28 (0.26)	65	71.66 (8.17)	3.14 (0.31)	15.96 (1.82)	502.49 (57.26)
温性荒漠草原	517.6	62	0.22 (0.03)	1.62 (0.21)	43	41.17 (4.56)	1.13 (0.15)	8.37 (1.08)	213.08 (23.60)
高寒草甸草原	51.2	6	0.20 (0.02)	1.15 (0.16)	4	40.55 (3.92)	0.10 (0.01)	0.59 (0.08)	20.75 (2.00)
高寒草原	513.7	65	0.19 (0.02)	1.05 (0.13)	56	43.91 (6.51)	0.97 (0.10)	5.37 (0.66)	225.56 (33.43)
高寒荒漠草原	70.8	10	0.09 (0.01)	0.61 (0.07)	8	31.75 (3.58)	0.06 (0.01)	0.43 (0.05)	22.48 (2.53)
温性草原化荒漠	304.1	22	0.18 (0.03)	1.30 (0.19)	28	27.65 (2.62)	0.54 (0.08)	3.95 (0.57)	84.11 (7.97)
温性荒漠	1381.9	58	0.16 (0.03)	1.24 (0.26)	39	23.30 (3.23)	2.18 (0.45)	17.17 (3.54)	321.94 (44.57)
低地草甸	300.3	31	0.53 (0.07)	3.47 (0.52)	38	114.64 (10.11)	1.60 (0.20)	10.42 (1.55)	344.26 (30.36)
山地草甸	428.1	45	0.83 (0.07)	5.09 (0.48)	47	183.01 (17.50)	3.55 (0.32)	21.77 (2.08)	783.50 (74.94)
高寒草甸	1602.3	98	0.54 (0.06)	4.37 (0.54)	77	149.79 (14.42)	8.65 (0.93)	70.03 (8.71)	2400.07 (231.01)
北方草地	6042.5	554	0.38 (0.04)	2.68 (0.35)	415	84.41 (9.05)	23.14 (2.70)	162.11 (21.14)	5100.27 (546.83)

注：括号内数字为标准误差

5.3 清查期工程区内草地碳密度和碳储量的空间分布

图5-7显示了清查期（2010年）退牧还草工程区内草地植被和土壤有机碳密度的频度分布特征。草地生态系统各组分碳密度的频度分布均表现为偏态分布。草地植被地上部分碳密度平均值为0.43Mg/hm^2，95%置信度的标准误差为0.02Mg/hm^2［图5-7（a）］。草地地下生物量碳密度平均值为2.86Mg/hm^2，95%置信度的标准误差为0.10Mg/hm^2［图5-7（b）］。草地土壤有机碳密度平均值为84.37Mg/hm^2，95%置信度的标准误差为3.14Mg/hm^2［图5-7（c）］。

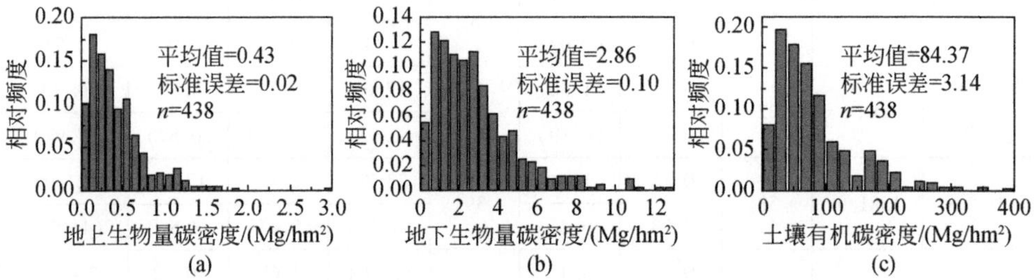

图5-7　清查期（2010年）工程区内草地地上生物量（a）、地下生物量（b）和土壤有机碳密度（c）的频度分布

图5-8～图5-10为清查期（2010年）各省份工程区内不同草地类的地上生物量、地下生物量和土壤有机碳密度。从植被地上部分碳密度来看，四川、甘肃和新疆三省份的山地草甸类以及内蒙古的温性草甸草原类较高；西藏的高寒荒漠草原类地上部分碳密度最低，为0.09Mg/hm^2（图5-8）。从植被地下部分碳密度来看，四川、甘肃和新疆三省份的山地草甸类和高寒草甸类以及内蒙古的温性草甸草原类较高，范围在6.24～6.98Mg/hm^2；西藏的高寒荒漠草原类最低，为

0.74Mg/hm^2（图 5-9）。从土壤有机碳密度来看，新疆的山地草甸类最高，达到 200.6Mg/hm^2，四川的高寒草甸类次之，为 193.5Mg/hm^2；新疆的温性荒漠类最低，仅为 17.1Mg/hm^2（图 5-10）。

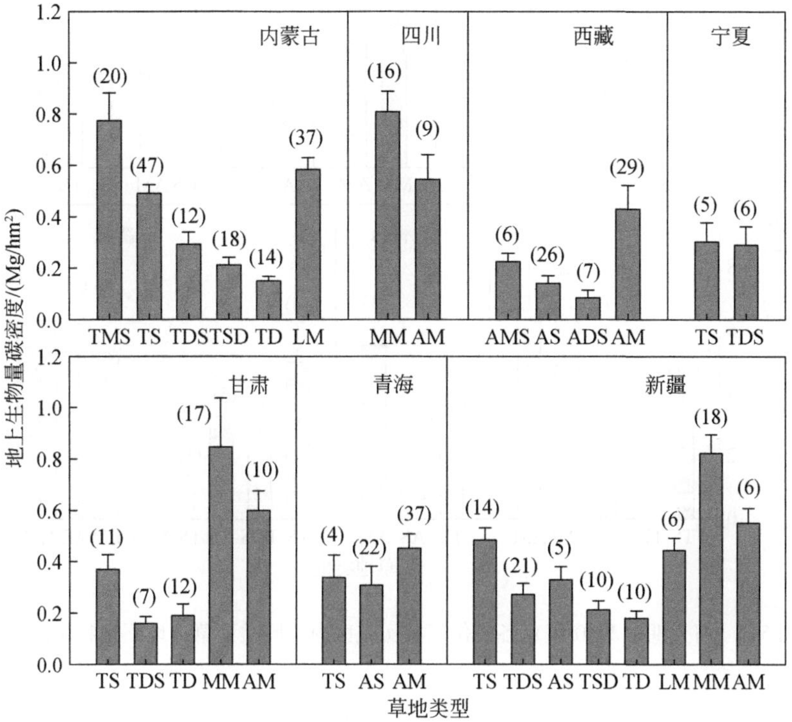

图 5-8　清查期（2010 年）各省份工程实施区内不同类型草地地上生物量碳密度

表 5-4 显示了清查期（2010 年）工程区内各省份草地碳密度及碳库水平。七省份中，四川的地上生物量碳密度最高（0.90Mg/hm^2），西藏和宁夏最低（0.31Mg/hm^2）；地上部分碳库最大的是内蒙古（7.80Tg），四川次之（7.18Tg），最小的是宁夏（0.92Tg）。从地下生物量碳密度来看，四川最高（6.74Mg/hm^2），西藏和宁夏最低，分别为 2.20Mg/hm^{2}和 1.99Mg/hm^2；地下部分碳库最大是四川（53.66Tg），内蒙古次之（49.87Tg），宁夏最小（5.89Tg）。从土壤有机碳密度来

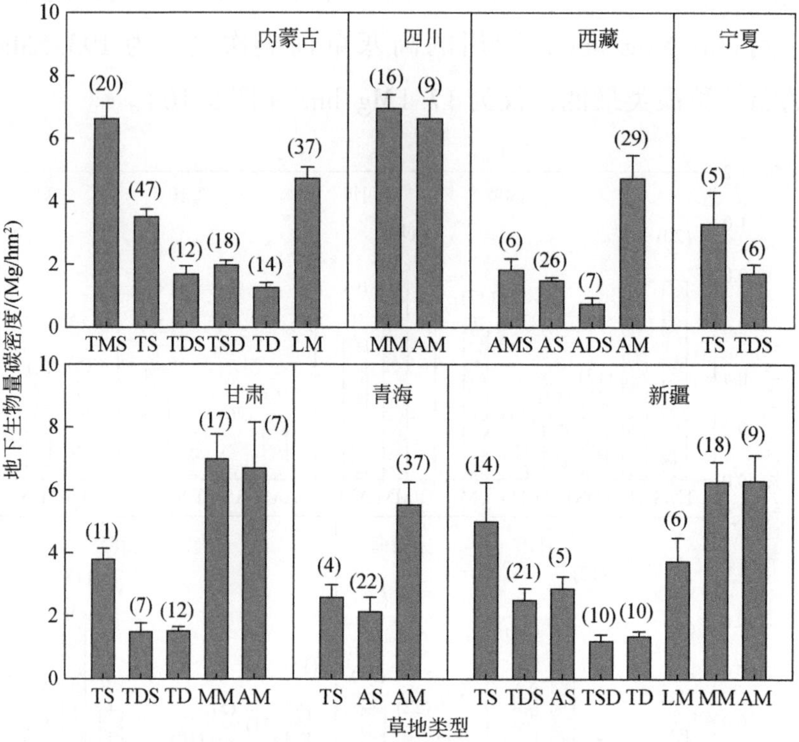

图5-9　清查期（2010年）各省份工程实施区内不同类型草地地下生物量碳密度

看，四川最高（189.86Mg/hm^2），西藏和宁夏最低，分别为45.41Mg/hm^{2}和42.65Mg/hm^2；土壤碳库最大的仍为四川（1512.61Tg），宁夏最低（118.28Tg）。总体来看，清查期（2010年）退牧还草工程区内草地初始总碳库约为5405.8Tg，其中草地植被碳库约为249.9Tg（地上部分碳库30.7Tg，地下部分碳库219.2Tg），土壤有机碳库约为5155.9Tg。

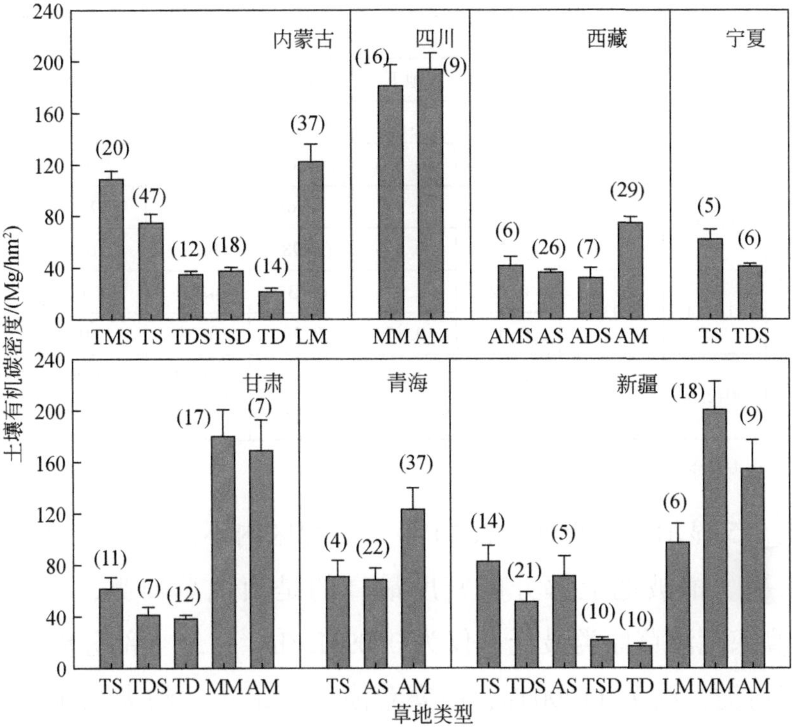

图 5-10 清查期（2010 年）各省份工程实施区内不同类型草地土壤有机碳密度

表 5-4 清查期（2010 年）工程实施区内不同省份草地地上生物量、地下生物量和土壤碳密度及碳库

省份	面积/10^4hm^2	碳密度/(Mg/hm^2)				碳库/Tg		
		n	地上	地下	土壤	地上	地下	土壤
内蒙古	1777.3	148	0.44	2.81	56.72	7.80	49.87	1008.03
			(0.05)	(0.25)	(5.43)	(0.85)	(4.36)	(96.56)
四川	796.7	25	0.90	6.74	189.86	7.18	53.66	1512.61
			(0.06)	(0.53)	(12.66)	(0.50)	(4.19)	(100.84)
西藏	460.6	68	0.31	2.20	45.41	1.41	10.13	209.15
			(0.04)	(0.27)	(3.96)	(0.18)	(1.26)	(18.24)
甘肃	757.5	54	0.47	3.56	87.16	3.57	26.94	660.22
			(0.09)	(0.59)	(10.54)	(0.66)	(4.44)	(79.85)

续表

省份	面积/10^4hm^2	碳密度/(Mg/hm^2)				碳库/Tg		
		n	地上	地下	土壤	地上	地下	土壤
青海	843.3	63	0.61	4.77	110.94	5.17	40.24	935.54
			(0.07)	(0.31)	(14.03)	(0.58)	(2.61)	(58.28)
宁夏	295.7	11	0.31	1.99	42.65	0.92	5.89	118.28
			(0.08)	(0.46)	(4.98)	(0.23)	(1.07)	(104.73)
新疆	1111.4	93	0.42	2.92	63.37	4.68	32.45	704.25
			(0.06)	(0.45)	(8.59)	(0.64)	(4.01)	(95.44)
汇总	6042.5	462	0.51	3.63	85.33	30.73	219.20	5155.89
			(7.68)	(0.06)	(9.16)	(3.63)	(23.23)	(553.94)

注：括号内数字为标准误差

表5-5显示了清查期（2010年）工程区内不同类型草地碳密度及碳库水平。植被地上部分碳密度最高的是山地草甸类，为1.07Mg/hm²，高寒荒漠草原类最低，仅为0.09Mg/hm²；地上部分碳库最大是高寒草甸类，约为11.90Tg，高寒荒漠草原最小，约为0.06Tg。以草地地下生物量碳密度而论，山地草甸类最高（6.82Mg/hm²），高寒荒漠草原类最低，仅为0.74Mg/hm²；植被地下部分碳库最高的是高寒草甸类（96.73Tg），高寒草甸草原类和高寒荒漠草原类最低，分别为0.93Tg和0.52Tg。以草地土壤碳密度而论，仍是山地草甸类最高，达到184.62Mg/hm²，温性荒漠类最低（23.42Mg/hm²）；土壤碳库最大的是高寒草甸类，约为2426.91Tg，最小的是高寒草甸草原类，仅为21.14Tg。

表5-5 清查期（2010年）工程实施区内不同类型草地地上生物量、地下生物量和土壤碳密度及碳库

类别	面积/10^4hm^2	碳密度/(Mg/hm^2)				碳库/Tg		
		n	地上	地下	土壤	地上	地下	土壤
温性草甸草原	171.3	20	0.91	6.62	108.91	1.55	11.34	186.54
			(0.08)	(0.50)	(22.11)	(0.14)	(0.86)	(37.86)

续表

类别	面积/10^4hm^2	碳密度/(Mg/hm^2)				碳库/Tg		
		n	地上	地下	土壤	地上	地下	土壤
温性草原	701.2	81	0.60	3.73	72.77	4.21	26.16	510.26
			(0.08)	(0.52)	(8.40)	(0.56)	(3.64)	(58.90)
温性荒漠草原	517.6	46	0.32	1.88	41.56	1.68	9.75	215.12
			(0.07)	(0.31)	(4.37)	(0.35)	(1.60)	(22.63)
高寒草甸草原	51.2	6	0.38	1.83	41.31	0.19	0.93	21.14
			(0.04)	(0.36)	(4.10)	(0.02)	(0.19)	(2.10)
高寒草原	513.7	53	0.24	1.59	44.30	1.26	8.16	227.57
			(0.03)	(0.18)	(6.23)	(0.17)	(0.91)	(32.01)
高寒荒漠草原	70.8	7	0.09	0.74	32.03	0.06	0.52	22.68
			(0.05)	(0.20)	(5.05)	(0.03)	(0.14)	(3.58)
温性草原化荒漠	304.1	28	0.24	1.48	27.73	0.74	4.51	84.34
			(0.04)	(0.17)	(2.46)	(0.11)	(0.52)	(7.48)
温性荒漠	1381.9	36	0.19	1.34	23.42	2.64	18.49	323.69
			(0.03)	(0.20)	(3.27)	(0.47)	(2.76)	(45.17)
低地草甸	300.3	43	0.64	4.46	115.63	1.93	13.39	347.26
			(0.07)	(0.47)	(10.82)	(0.20)	(1.40)	(32.48)
山地草甸	428.1	51	1.07	6.82	184.62	4.56	29.21	790.39
			(0.10)	(0.53)	(17.08)	(0.44)	(2.27)	(73.14)
高寒草甸	1602.3	91	0.74	6.04	151.46	11.90	96.73	2426.91
			(0.07)	(0.56)	(14.23)	(1.14)	(8.96)	(227.99)
北方草地	6042.5	462	0.51	3.63	85.33	30.73	219.20	5155.89
			(0.06)	(0.38)	(8.99)	(3.63)	(23.23)	(543.34)

注：括号内数字为标准误差

5.4 清查期工程区外草地碳密度和碳储量的空间分布

图 5-11 显示了清查期（2010 年）退牧还草工程区外草地植被和土壤碳密度的频度分布特征。草地生态系统各组分碳密度的频度分布

均表现为偏态分布。草地地上生物量碳密度范围在 0.01 ~ 2.83Mg/hm^2，平均值为 0.42Mg/hm^2，95% 置信度的标准误差为 0.02Mg/hm^2 [图 5-11 (a)]。草地地下生物量碳密度范围在 0.11 ~ 12.70Mg/hm^2，平均值为 2.76Mg/hm^2，95% 置信度的标准误差为 0.10Mg/hm^2 [图 5-11 (b)]。草地土壤有机碳密度范围在 3.05 ~ 395.48Mg/hm^2，平均值为 84.40Mg/hm^2，95% 置信度的标准误差为 3.05Mg/hm^2 [图 5-11 (c)]。

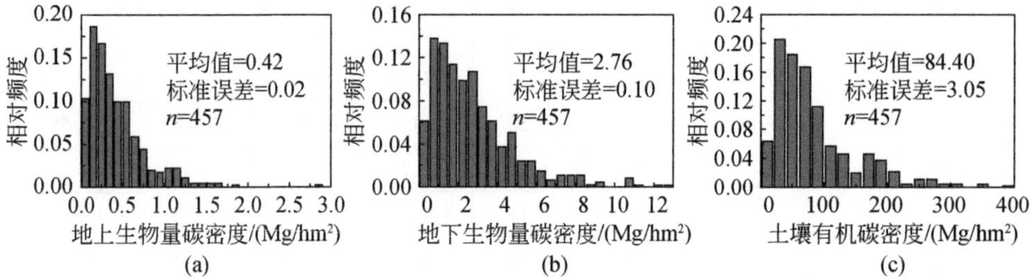

图 5-11　清查期（2010 年）工程区外草地地上生物量（a）、地下生物量（b）和土壤有机碳密度（c）的频度分布

图 5-12 ~ 图 5-14 显示了清查期（2010 年）各省份工程区外不同草地类的地上生物量、地下生物量和土壤有机碳密度，总体分布格局与初始（2003 年）草地碳密度较为相似。从植被地上部分碳密度来看，四川、甘肃和新疆三省份的山地草甸类以及内蒙古的温性草甸草原类较高，分别为 0.81Mg/hm^2、0.85Mg/hm^2、0.82Mg/hm^2 和 0.77Mg/hm^2；西藏的高寒荒漠草原类地上部分碳密度最低，为 0.08Mg/hm^2（图 5-12）。从植被地下部分碳密度来看，甘肃和四川的山地草甸类居前两位，分别达到了 5.45Mg/hm^2 和 5.20Mg/hm^2；西藏的高寒草原类和高寒荒漠草原类地下部分碳密度均不足 1.00Mg/hm^2，分别为 0.85Mg/hm^2、0.63Mg/hm^2（图 5-13）。从土壤有机碳密度来看，新疆的山地草甸类最高，达到 198.77Mg/hm^2，四川的高寒草甸类

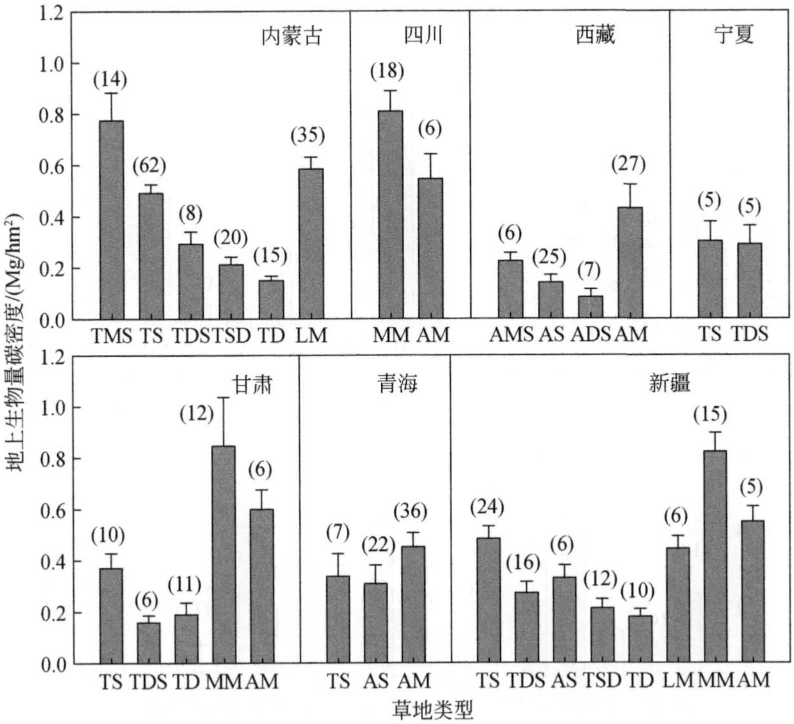

图 5-12 清查期（2010 年）各省份工程实施区外不同类型草地地上生物量碳密度

次之，为 191.55Mg/hm^2；新疆的温性荒漠类最低，仅为 15.95Mg/hm^2（图 5-14）。

表 5-6 显示了清查期（2010 年）工程区外各省份草地碳密度及碳库水平。七省份中，四川的地上生物量碳密度最高，约为 0.62Mg/hm^2，西藏最低，为 0.21Mg/hm^2；地上部分碳库最大的是内蒙古（6.36Tg），最小的是宁夏（0.78Tg）。从地下生物量碳密度来看，四川最高（4.87Mg/hm^2），西藏和宁夏最低，分别为 1.58Mg/hm^2 和 1.51Mg/hm^2；地下部分碳库最大是四川（38.81Tg），内蒙古次之（37.21Tg），宁夏最小，约为 4.48Tg。从土壤有机碳密度来看，四川最高（188Mg/hm^2），西藏和宁夏最低，分别为 44.77Mg/hm^2 和

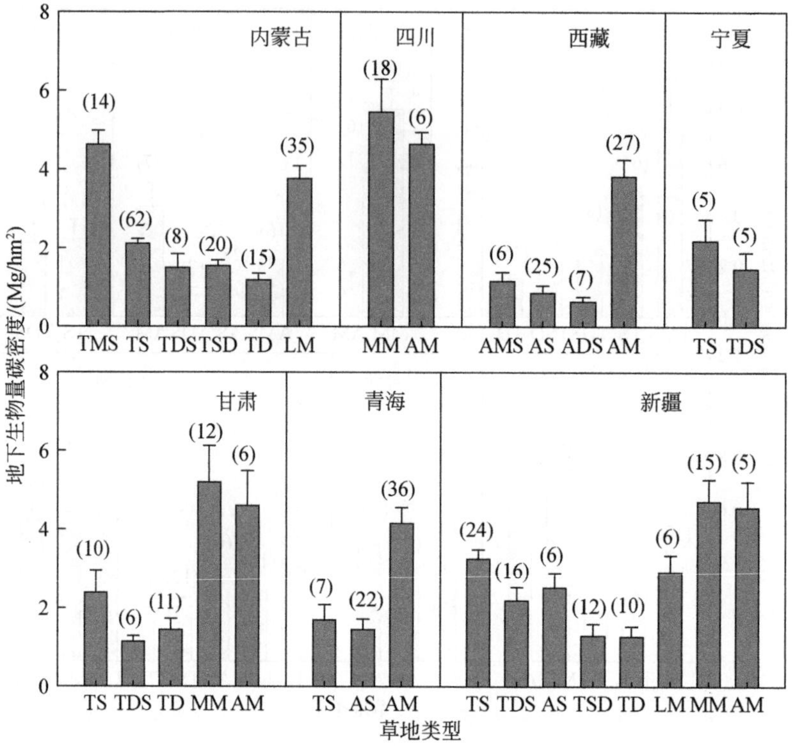

图5-13　清查期（2010年）各省份工程实施区外不同类型草地地下生物量碳密度

42.19Mg/hm^2；土壤碳库最大的仍为四川（1497.78Tg），宁夏最低（124.74Tg）。总体来看，清查期（2010年）退牧还草工程区外草地总碳库约为5282.43Tg，其中草地植被碳库约为185.1Tg（地上部分碳库22.98Tg，地下部分碳库162.12Tg），土壤有机碳库约为5097.33Tg。

表5-7显示了清查期（2010年）工程区外不同类型草地碳密度及碳库水平。山地草甸类和温性草甸草原类的植被地上部分碳密度最高，分别为0.82Mg/hm^2、0.77Mg/hm^2，高寒荒漠草原类最低，仅为0.08Mg/hm^2；地上部分碳库最大是高寒草甸类，约为8.10Tg，高寒荒漠草原最小，约为0.06Tg。以草地地下生物量碳密度而论，山地草甸类最高（5.23Mg/hm^2），高寒荒漠草原类最低（0.63Mg/hm^2）；植被

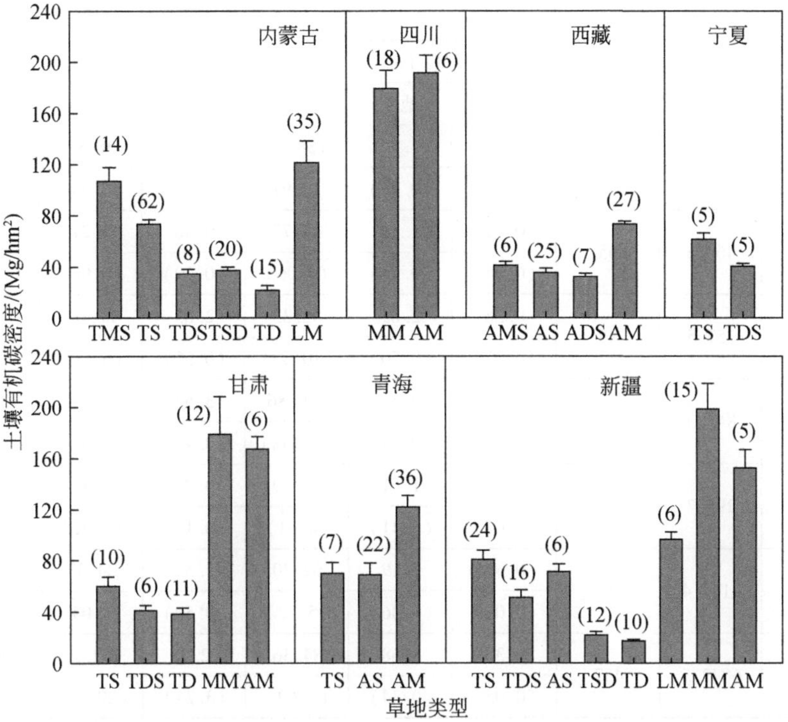

图 5-14 清查期（2010 年）各省份工程实施区外不同类型草地土壤有机碳密度

地下部分碳库最高的是高寒草甸类（70.14Tg），高寒草甸草原类和高寒荒漠草原类最低，分别为 0.59Tg 和 0.45Tg。以草地土壤有机碳密度而论，仍是山地草甸类最高，达到 183.01Mg/hm²，温性荒漠类最低，仅为 23.01Mg/hm²；土壤碳库最大的是高寒草甸类，约为 2400.56Tg，最小的是高寒草甸草原类，仅为 20.94Tg。

表 5-6 清查期（2010 年）工程实施区外不同省份草地地上生物量、地下生物量和土壤碳密度及碳库

省份	面积/$10^4 hm^2$	n	碳密度/(Mg/hm^2)			碳库/Tg		
			地上	地下	土壤	地上	地下	土壤
内蒙古	1777.3	154	0.36	2.09	56.03	6.36	37.21	995.83
			(0.04)	(0.21)	(5.62)	(0.67)	(3.76)	(99.96)

续表

省份	面积/10^4hm^2	碳密度/(Mg/hm^2)				碳库/Tg		
		n	地上	地下	土壤	地上	地下	土壤
四川	796.7	24	0.62	4.87	188.00	4.96	38.81	1497.78
			(0.09)	(0.46)	(12.97)	(0.72)	(3.64)	(103.32)
西藏	460.6	65	0.21	1.58	44.77	0.98	7.27	206.18
			(0.04)	(0.21)	(4.06)	(0.19)	(0.98)	(18.70)
甘肃	757.5	45	0.38	2.65	86.33	2.85	20.04	653.94
			(0.07)	(0.50)	(10.53)	(0.52)	(3.80)	(79.74)
青海	843.3	65	0.42	3.56	109.86	3.54	29.98	926.43
			(0.05)	(0.35)	(13.88)	(0.44)	(2.92)	(117.05)
宁夏	295.7	10	0.26	1.51	42.19	0.78	4.48	124.74
			(0.07)	(0.41)	(4.61)	(0.19)	(1.22)	(13.63)
新疆	1111.4	94	0.32	2.19	62.30	3.52	24.33	692.43
			(0.04)	(0.36)	(5.72)	(0.50)	(4.04)	(92.55)
汇总	6042.5	457	0.38	2.68	84.36	22.98	162.12	5097.33
			(0.05)	(0.34)	(8.69)	(3.24)	(20.36)	(524.95)

注：括号内数字为标准误差

表 5-7 清查期（2010 年）工程实施区外不同类型草地地上生物量、地下生物量和土壤碳密度及碳库

类别	面积/10^4hm^2	碳密度/(Mg/hm^2)				碳库/Tg		
		n	地上	地下	土壤	地上	地下	土壤
温性草甸草原	171.3	14	0.77	4.62	106.87	1.33	7.92	183.03
			(0.11)	(0.35)	(22.35)	(0.19)	(0.60)	(38.27)
温性草原	701.2	108	0.45	2.32	71.44	3.13	16.28	500.96
			(0.05)	(0.26)	(7.84)	(0.32)	(1.79)	(55.01)
温性荒漠草原	517.6	35	0.28	1.63	41.22	1.43	8.44	213.34
			(0.05)	(0.35)	(4.39)	(0.28)	(1.81)	(22.71)
高寒草甸草原	51.2	6	0.22	1.15	40.92	0.11	0.59	20.94
			(0.02)	(0.12)	(3.79)	(0.01)	(0.06)	(1.94)
高寒草原	513.7	53	0.19	1.07	43.95	0.98	5.51	225.75
			(0.02)	(0.12)	(6.21)	(0.12)	(0.61)	(31.91)

续表

类别	面积/10^4hm^2	碳密度/(Mg/hm^2)				碳库/Tg		
		n	地上	地下	土壤	地上	地下	土壤
高寒荒漠草原	70.8	7	0.08	0.63	32.17	0.06	0.45	22.78
			(0.03)	(0.13)	(3.97)	(0.02)	(0.09)	(2.81)
温性草原化荒漠	304.1	32	0.19	1.29	27.58	0.58	3.91	83.89
			(0.03)	(0.23)	(2.60)	(0.10)	(0.70)	(7.90)
温性荒漠	1381.9	36	0.15	1.15	23.01	2.11	15.88	318.02
			(0.03)	(0.23)	(3.31)	(0.40)	(3.19)	(45.73)
低地草甸	300.3	41	0.55	3.53	114.73	1.64	10.60	344.53
			(0.05)	(0.36)	(10.62)	(0.14)	(1.07)	(31.91)
山地草甸	428.1	45	0.82	5.23	183.01	3.52	22.41	783.53
			(0.11)	(0.79)	(16.60)	(0.45)	(2.36)	(71.07)
高寒草甸	1602.3	80	0.51	4.38	149.82	8.10	70.14	2400.56
			(0.08)	(0.44)	(14.05)	(1.21)	(7.07)	(255.10)
北方草地	6042.5	457	0.38	2.68	84.36	22.98	162.12	5097.33
			(0.05)	(0.34)	(9.34)	(3.24)	(20.36)	(564.36)

注：括号内数字为标准误差

第 6 章 退牧还草工程固碳量及工程区碳汇

退牧还草工程始于 2003 年，初期主要在北方七省份进行试点实施，后期逐步推广至全国范围。截至 2010 年底，内蒙古、四川、西藏、甘肃、青海、宁夏、新疆七省份的工程实施面积已达到 6042.5 万 hm^2，占工程实施总面积的 95% 以上。基于大量的样地调查数据，监测数据以及文献挖掘数据，对 2003 ~ 2010 年退牧还草工程下草地生态系统固碳量以及工程实施区的草地碳汇进行估算。

6.1 生态工程固碳评估概念框架

植物通过光合作用吸收大气中的 CO_2 并将其转变为有机物质，将碳储存在植物体内，植物体枯死后形成的凋落物和死根经腐殖化作用又进一步形成土壤有机质。在植物自身的呼吸作用（自养呼吸）以及凋落物和土壤中有机质的腐烂分解作用（异养呼吸）下，有机物质被转换为 CO_2，重新返回到大气中。这就形成了碳在大气-植被-土壤-大气中迁移的一个基本的陆地碳循环过程。在这一过程中，当陆地生态系统固定的碳大于排放的碳，该系统就称为大气 CO_2 的汇，简称碳汇（carbon sink），反之，则为碳源（carbon source）（Fang et al., 2007）。诸多研究表明，在过去几十年间，全球大部分地区特别是北半球，陆地生态系统碳库持续累积，主要表现为碳汇（Pacala et al.,

2001；Janssens et al.，2003；Piao et al.，2009；Yu et al.，2014）。某一时期内生态系统碳库的累积速率通常用生态系统固碳速率（carbon sequestration rate，CSR）来描述，指的是在单位时间内单位土地面积上的植被和土壤从大气中吸收并被储存的碳，其单位多采用 Mg C/(hm^2 · a)。在通常的气候和土壤环境条件下，生态系统固碳速率有其自然的季节、年际和长期的动态变化规律。但是这种固碳速率的变化规律及其特征值也会因生态系统类型、区域性环境条件以及人为干预措施的影响而改变，这也正是人们通过改变土地利用/覆被和生态系统管理提高生态系统固碳能力的生态学基础（于贵瑞等，2011）。生态工程的固碳评估正是对于这类由于人为管理措施的实施而导致的碳库增益的计量。

生态工程引起的生态系统碳库增加是相对于某个基准水平（参考水平）/基线（baseline）而言的，选择不同的基准年或基准水平进行估算得到结果可能存在较大差异（于贵瑞等，2011）。因而，确定基准水平/基线是定量评估生态工程固碳效益最为基础也是最为核心的问题之一。在这里，基准水平/基线包含两层含意，第一，基线是指在环境条件和管理活动没有发生任何变化之前（工程实施初期）的生态系统碳库水平；第二，基线还表示在缺乏工程措施，即维持现有状态不变（business as usual，BAU）的情景下，生态系统碳库水平的外推值（Abberton et al.，2009）。上述对于基准水平/基线两个层次的度量都十分重要，第一层次的度量是基础，第二层次的度量主要用于评估工程措施所产生的额外的 CO_2 净排放的减少量（Abberton et al.，2009）。此处，第二层次的度量的意义在于，假定被评估生态系统碳储量在保持现状情景（BAU）下呈持续下降趋势，由于工程措施的实施扭转了该趋势，即使在清查末期生态系统碳库仅维持了原有水平，这部分预期碳库损失的清除也应当被纳入工程导致的碳库增量当中。例如，联合国减少砍伐森林和森林退化导致的温室气体排放（REDD）项目体系即充分考虑了人为管理措施导致的固碳减排效应。图 6-1 展示了一个基本的生态工程固碳评估的概念框架，如图所示，清查末期工程实施区的生态系统碳储量减去初始碳储量（绿色实线部分）表征该时段工程措施下生态系统的碳库累积量，这也是通常所指的生态系统碳汇。该部分碳库增量加上工程措施所清除的预期碳库损失量即为生态工程所造成碳库增益。需要注意的是，在维持现状情景（BAU）下，生态系统碳库也可能表现为增加趋势，此时工程措施导致的碳库增益应小于该时段的碳库累积量。

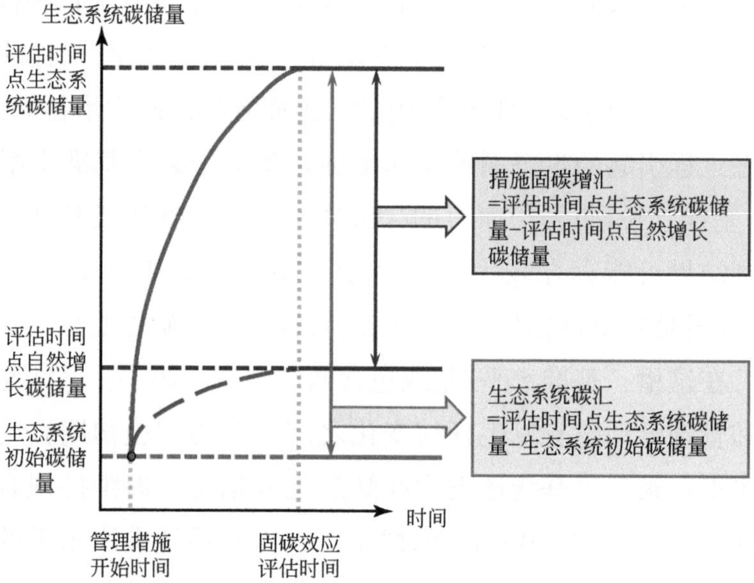

图 6-1　生态工程固碳概念框架（来源：逯非等，2022）

6.2　工程固碳量与工程区碳汇计算

6.2.1　退牧还草工程固碳量计算

退牧还草工程固碳量（carbon sequestration of the project）计算的

是实施工程措施对草地生态系统碳积累的贡献，多年（2003～2010年）的累积固碳量（C_{se}）等于工程区内草地碳库的变化量（CP_{cIN}）减去工程区外草地碳库的变化量（CP_{cEX}），计算公式如下：

$$\begin{aligned} C_{se} &= CP_{cIN} - CP_{cEX} \\ &= (CP_{eIN} - CP_{sIN}) - (CP_{eEX} - CP_{sEX}) \end{aligned} \tag{6-1}$$

式中，CP_{sIN}为工程区内初始（2003 年）草地碳库（Tg）；CP_{eIN}为工程区内结束时（清查期，2010 年）草地碳库（Tg）；CP_{sEX}为工程区外初始草地碳库（Tg）；CP_{eEX}为工程区外结束时草地碳库（Tg）。

由于缺乏退牧还草工程实施范围的具体空间坐标信息，无法分别对工程区内、外初始草地碳库进行估算，因此假设工程区内、外初始草地碳储量无差异，即 CP_{sIN}等于 CP_{sEX}。由此，工程固碳量即为清查期（2010 年）工程区内、外草地碳储量之差，式（6-1）可以简化为下式：

$$C_{se} = CP_{eIN} - CP_{eEX} \tag{6-2}$$

6.2.2 工程区碳汇计算

工程区碳汇（carbon sink）反映了自初始期（2003 年）至清查期（2010 年）退牧还草工程实施区内的草地碳库积累量，碳汇（C_{sink}，Tg）的计算采用时间序列法，即工程区内清查期和初始期两期草地碳储量之差。具体计算式如下：

$$C_{sink} = CP_{eIN} - CP_{sIN} \tag{6-3}$$

由于假设工程内、外初始草地碳储量无差异，根据式（6-2）和式（6-3），如果清查期工程区外草地碳库大于初始草地碳库，说明近 10 年来在没有实施工程措施的区域草地植被也在逐步恢复，反之则表明草地处于持续退化状态。

6.3 退牧还草工程区草地碳汇（2003～2010年）

如表6-1所示，总体上，2003～2010年退牧还草工程实施区草地生态系统碳汇总量约为（120.3±16.89）Tg，其中植被碳汇为（64.68±5.83）Tg［地上部分碳汇（7.59±1.24）Tg，地下部分碳汇（57.09±4.59）Tg］，土壤碳汇（100cm深度）为（55.61±12.77）Tg。不同省份的植被地上、地下部分以及土壤碳汇格局表现出高度的一致性，均为四川最高，宁夏最低，其余省份按大小排序分别是内蒙古、青海、新疆、甘肃、西藏。

表6-1 2003～2010年退牧还草工程区不同省份草地植被地上部分、地下部分及土壤碳汇

省份	碳汇/Tg			
	地上生物量	地下生物量	土壤	生态系统
内蒙古	1.67±0.12	12.83±0.73	12.02±3.69	26.52±4.30
四川	1.97±0.15	15.65±0.60	14.8±3.47	32.43±4.22
西藏	0.41±0.08	2.86±0.36	3.18±1.07	6.44±1.51
甘肃	0.81±0.22	6.98±1.18	6.65±1.12	14.44±2.52
青海	1.3±0.27	10.52±0.56	10.43±1.64	22.25±1.35
宁夏	0.32±0.12	1.27±0.20	1.51±0.17	3.10±0.14
新疆	1.11±0.29	6.97±0.95	7.04±1.61	15.12±2.85
汇总	7.59±1.24	57.09±4.59	55.61±12.77	120.30±16.89

从不同类型草地来看，高寒草甸类的碳汇最高，其植被地上、地下和土壤碳汇分别为3.25Tg、26.69Tg和26.84Tg；而高寒荒漠草原类的碳汇最低，地上生物量、地下生物量和土壤碳汇分别为0.01Tg、

0. 10Tg、0. 20Tg。此外，温性草原类、山地草甸类也具有较高的碳汇，两类草地生态系统水平的碳汇分别为 19. 04Tg 和 15. 35Tg，植被碳汇分别为 11. 27Tg 和 8. 46Tg，土壤碳汇分别为 7. 76Tg 和 6. 90Tg（表 6-2）。

表 6-2　2003 ~ 2010 年退牧还草工程区不同类型草地植被地上部分、地下部分及土壤碳汇

草地类	碳汇/Tg			
	地上生物量	地下生物量	土壤	生态系统
温性草甸草原	0. 33±0. 01	3. 30±0. 15	4. 51±1. 29	8. 14±1. 44
温性草原	1. 07±0. 26	10. 20±1. 81	7. 76±1. 64	19. 04±3. 71
温性荒漠草原	0. 55±0. 20	1. 37±0. 52	2. 03±0. 97	3. 95±0. 25
高寒草甸草原	0. 09±0. 01	0. 34±0. 11	0. 39±0. 09	0. 82±0. 21
高寒草原	0. 28±0. 07	2. 79±0. 25	2. 00±1. 41	5. 07±1. 10
高寒荒漠草原	0. 01±0. 02	0. 10±0. 09	0. 20±1. 04	0. 29±1. 16
温性草原化荒漠	0. 20±0. 03	0. 56±0. 05	0. 23±0. 48	0. 99±0. 50
温性荒漠	0. 46±0. 02	1. 33±0. 77	1. 75±0. 59	3. 54±0. 16
低地草甸	0. 33±0. 00	2. 98±0. 15	3. 00±2. 12	6. 31±1. 96
山地草甸	1. 02±0. 12	7. 44±0. 19	6. 90±1. 80	15. 35±1. 49
高寒草甸	3. 25±0. 21	26. 69±0. 25	26. 84±3. 02	56. 78±2. 56

6.4　退牧还草工程固碳量（2003 ~ 2010 年）

如表 6-3 所示，总体上，2003 ~ 2010 年退牧还草工程下，整个北方草地生态系统固碳量约为（116. 76±9. 95）Tg，其中植被固碳量为（63. 23±3. 42）Tg［地上部分固碳量（7. 75±0. 87）Tg，地下部分固碳量（55. 48 ± 2. 55）Tg］，土壤固碳量（100cm 深度）为（53. 53 ± 10. 65）Tg。从不同省份来看，四川的固碳量最高，而宁夏最低，其余省份按大小排序分别是内蒙古、青海、新疆、甘肃、西藏。

从不同类型草地来看，高寒草甸类的固碳量最高，约为 56. 74Tg，其生态系统不同组分固碳量分别为地上部分，3.80Tg，地下部分，26.59Tg，土壤，26.35Tg（表6-4）。根据计算结果，2003～2010年，退牧还草工程对高寒荒漠草原类的碳储量影响较小，其草地碳库基本无变化（表6-4）。温性草原类、山地草甸类也具有较高固碳量，生态系统总固碳量分别约为20.25Tg和14.71Tg。清查期间（2003～2010年），高寒草甸、温性草原和山地草甸三类草地的固碳量约占整个北方草地工程区草地固碳量的74%左右（表6-4）。

表6-3　2003～2010年退牧还草工程下不同省份草地植被和土壤固碳量

省份	工程固碳量/Tg			
	地上生物量	地下生物量	土壤	生态系统
内蒙古	1.44±0.18	12.67±0.60	12.20±3.40	26.31±2.62
四川	2.22±0.23	14.86±0.55	14.83±2.47	31.90±2.16
西藏	0.43±0.01	2.86±0.28	2.97±0.46	6.26±0.19
甘肃	0.72±0.13	6.91±0.64	6.28±0.11	13.91±0.89
青海	1.63±0.14	10.25±0.31	9.11±1.23	21.00±1.06
宁夏	0.14±0.03	1.41±0.15	1.35±1.10	2.90±0.98
新疆	1.16±0.14	6.52±0.03	6.79±1.88	14.47±2.05
汇总	7.75±0.87	55.48±2.55	53.53±10.65	116.76±9.95

表6-4　2003～2010年退牧还草工程区不同类型草地植被地上部分、地下部分及土壤固碳量

类别	工程固碳量/Tg			
	地上生物量	地下生物量	土壤	生态系统
温性草甸草原	0.23±0.05	3.43±0.25	3.51±0.41	7.16±0.21
温性草原	1.08±0.24	9.88±1.85	9.29±3.89	20.25±5.98
温性荒漠草原	0.25±0.08	1.31±0.22	1.78±0.07	3.34±0.21
高寒草甸草原	0.08±0.01	0.35±0.13	0.20±0.16	0.62±0.29
高寒草原	0.28±0.06	2.65±0.29	1.82±0.11	4.75±0.45
高寒荒漠草原	0.004±0.01	0.08±0.05	0.00±0.01	0.00±0.01
温性草原化荒漠	0.17±0.01	0.60±0.18	0.45±0.41	1.21±0.58

续表

类别	工程固碳量/Tg			
	地上生物量	地下生物量	土壤	生态系统
温性荒漠	0.53±0.07	2.61±0.42	5.67±0.56	8.81±0.91
低地草甸	0.29±0.06	2.80±0.33	2.73±0.57	5.81±0.96
山地草甸	1.05±0.01	6.80±0.10	6.86±1.06	14.71±1.95
高寒草甸	3.80±0.07	26.59±1.89	26.35±2.89	56.74±4.71

6.5 讨　论

Wang 等（2011）依据中度和重度放牧造成的草地土壤碳减少量，粗略估算得到中国北方地区 1960～1990 年由于过度放牧和草原开垦造成草地土壤碳流失量约为 1.24Pg 和 0.25Pg。Xie 等（2007）研究表明 1980～2000 年约 20 年间我国因草地退化导致的 1m 深度土壤碳库减少量约为 3.564Pg。本研究中，退牧还草工程实施后，截至清查期（2010 年），工程区内草地植被碳库从初期（2003 年）的（185.3±23.8）Tg 增加到（249.9±23.6）Tg，土壤有机碳库从（5100.3±546.8）Tg 增加到（5155.9±463.9）Tg，草地生态系统碳汇总量约为（120.3±16.89）Tg，8 年间草地碳储量较之工程初期约增加了 2.3%。工程区碳累积量明显低于 Wang 等（2011）和 Xie 等（2007）报道的碳库减少量，一方面是由于上述研究针对的是整个中国草地区域且是简单的推算结果，因此可能高估了草地退化造成的碳流失，而另一方面也说明退牧还草工程仍具有较大的固碳潜力，其所涉及的草地管理模式与工程方案仍有较大的提升空间。本研究根据清查期工程区内、外草地碳库调查数据的估算结果表明，2003～2010 年，归因于退牧还草工程实施而导致的草地固碳量为（116.76±9.95）Tg，其中植被固碳量为（63.23±3.42）Tg，土壤固碳量为（53.53±10.65）Tg。工程固碳量小于工程区内草地碳汇，这可能说明在工程实施期间工程区外的草地植被并没有发生持续退化，其仍具有较弱的碳汇功能。这可能是因为工程实施区域配套的草原补助奖励机制以及相应的减畜措施减缓了草地的持续过牧压力，使得植被也处于缓慢恢复状态。大量研究表明，围栏管理和人工草地建设增加草地碳库的机制主要在于其能够促进草地植被群落恢复与更新（Su，2003；Wu et al.，2010），提高草地盖度（王长庭等，2007；曹成有等，2004；He et al.，2011），增加草原生产力（高永恒等2008；Mekuria et al.，2007，2012），并降低土壤侵蚀和减缓土壤有机质分解速率（Li et al.，2014a；Steffens et al.，2008；Hu et al.，2015）。这可能是退牧还草工程实施后北方草地碳库持续累积的主要原因。

从工程主要实施省份固碳空间格局来看，四川和内蒙古的碳库增量最高，而西藏和宁夏较低。这种固碳量的差异一方面是因为各省份的工程实施面积不同，另一方面是由各省份工程区域与所涵盖的不同类型草地固碳差异所造成。内蒙古 2003 ~ 2010 年间工程实施面积最高，约为 1777.3 万 hm^2，但大量区域覆盖在温性荒漠类草原，固碳速率较高的温性草原类实施面积相对较少，如锡林郭勒地区，由于过往围栏面积较大，因此工程并未覆盖该地区。而四川草地主要包括高寒草甸和山地草甸这两种草地类型，本研究表明工程措施下这两类草地的固碳增量较高，导致四川草地碳库增量在所有工程实施省份中居第一位。总体上，不同类型草地的碳密度变化量表现出较大差异，草甸类增加较多，而荒漠类草地增加较少，这可能与水热条件和不同类型草地的初始碳密度水平有关。大量事实表明，草地碳储量的动态变化与其初始碳密度具有较高的相关性（Holmes et al.，2006；Yang et al.，2010a；Wang et al.，2011）。例如，Wang 等（2011）研究发现实施不同草地管理措施后草地土壤碳密度的变化与其初始碳密度水平呈显著正相关关系。退牧还草工程下，高寒草甸类固碳量在各类型草地中位居首位，其在我国主要分布于高寒地区特别是青藏高原，说明在我国特殊的气候和地形条件下，不仅是温带草地，高寒地区草地也具有极大的固碳潜力。本研究也表明退牧还草工程对于退化草地恢复具有实际效果，草地碳库的持续积累对区域乃至全球碳循环过程都会产生重要影响，同时也对减缓 CO_2造成的全球气候变化具有重要意义。

第7章 退牧还草工程固碳速率及潜力的空间格局

生态系统固碳潜力分析的目的主要是评价在未来自然条件或人为管理措施/情景下，自基准年到目标年份期间可能增加的固碳量（于贵瑞等，2011）。对于退化草地生态系统而言，众多研究都表明通过草地管理方式的优化，可以有效地恢复草地植被，具有较大的固碳潜力（Conant et al.，2001；Conant and Paustian，2002）。例如，通过围栏管理措施恢复草地植被，增加草地碳储量，而各类草地推荐的优化管理措施，如施肥、灌溉、豆科植物种植等，通过增加投入，也能具有较大的固碳潜力（Paustian et al.，1997a；Conant et al.，2001；Lal 2004；Wang et al.，2011）。

本研究基于清查期（2010年）工程区内、外的草地碳储量调查数据，计算各省份不同草地类的固碳速率，并以2010年为基准，计算2010~2020年我国退牧还草工程下可能实现的固碳潜力。

7.1 数据与方法

7.1.1 数据来源及固碳速率计算

2011~2012年7~8月，对实施退牧还草七省份工程区内、外草地生态系统碳密度及储量进行了广泛的调查取样，获取了工程区内、外不同类型草地的植被地上、地下部分及土壤有机碳库数据。具体的样地调查及样品分析见 5.1.2 节。

研究中，草地生态系统的固碳速率（carbon sequestration rate）用工程区内、外碳密度的差值除以工程持续年限来表示。由此，各工程实施省份不同类型草地的固碳速率计算如下式：

$$CSR_{ij} = (SOCD_{INij} - SOCD_{EXij}) / T \tag{7-1}$$

式中，CSR_{ij}为省份 i 第 j 种草地类的固碳速率 [Mg/(hm^2 · a)]；$SOCD_{INij}$为省份 i 工程区内第 j 种草地类的碳密度（Mg/hm^2）；$SOCD_{EXij}$为省份 i 工程区外第 j 种草地类的碳密度（Mg/hm^2）；T 为工程持续年限（a），工程初期（2003 年）至清查期（2010 年）持续时间为 8 年，因此 $T=8$。

7.1.2 固碳潜力估算

退牧还草工程的固碳潜力计算以 2010 年（清查期）作为基准年份。我国还将继续加大草原生态系统保护和治理重点工程的投入力度，合理布局各项措施。依据目前的工程实施概况，甘肃、宁夏、四川三省份的工程实施面积已超过天然草地面积的 50%，新增保护工程的空间较小。因此，研究以截至 2013 年的工程实施总面积为准（表 7-1），估算在该规模下退牧还草工程区域草地可能达到的固碳潜力。草地生态系统不同组分的固碳潜力（CSP，Tg）计算式如下：

$$CSP = \sum_{i=1}^{p} \sum_{j=1}^{q} (CSR_{ij} \times A_{ij} \times t) \tag{7-2}$$

式中，p 为工程区域省份总数；q 为草地类的数量；A_{ij}为省份 i 第 j 种草地类的工程实施面积（10^{6}hm^2）；t 为持续时间，此处 $t=10$ 年。

表 7-1　截至 2013 年各省份工程实施面积

省份	内蒙古	四川	西藏	甘肃	青海	宁夏	新疆
工程面积 /$10^6 hm^2$	2167. 3	1019. 5	653. 9	952. 9	1080. 2	346. 9	1406. 7

7. 2　结果分析

7. 2. 1　退牧还草工程固碳速率的分异特征

表 7-2～表 7-4 显示了退牧还草工程下各省份不同类型草地生态系统各组分的固碳速率，可以看到，以省级草地类为最小单元，其草地植被和土壤固碳速率存在较大差异。以植被地上部分固碳速率来看，固碳速率变异范围从 0. 08gC/(m^2 · a)（西藏的高寒荒漠草原类）到 3. 57gC/(m^2 · a)（四川高寒草甸类）。从植被地下部分固碳速率来看，内蒙古的温性草甸草原类和四川及甘肃的高寒草甸类固碳速率最高，约为 0. 25Mg C/(hm^2 · a)，而各省份均为温性草原化荒漠类、温性荒漠草原类、温性荒漠类和高寒荒漠草原类的固碳速率较低。从土壤固碳速率来看，其空间格局与植被地下部分较为一致，四川、甘肃和新疆三省份的高寒草甸类以及内蒙古的温性草甸草原类固碳速率较高，范围在 0. 24Mg C/(hm^2 · a)～0. 26Mg C/(hm^2 · a)；内蒙古、新疆、甘肃的温性荒漠类，西藏的高寒荒漠草原类以及新疆的温性草原化荒漠类的土壤固碳速率较低。

表 7-2　退牧还草工程下各省份不同类型草地植被地上部分固碳速率

[单位：g C/(m^2·a)]

类别	内蒙古	四川	西藏	甘肃	青海	宁夏	新疆
温性草甸草原	1.67 (0.38)						
温性草原	1.85 (0.19)			1.99 (0.22)	1.98 (0.12)	1.23 (0.20)	2.58 (0.35)
温性荒漠草原	0.59 (0.26)			1.38 (0.36)		0.37 (0.05)	0.71 (0.09)
高寒草甸草原			1.93 (0.25)				
高寒草原			0.75 (0.11)		0.76 (0.17)		1.12 (0.34)
高寒荒漠草原			0.08 (0.01)				
温性草原化荒漠	1.14 (0.06)						0.23 (0.04)
温性荒漠	0.38 (0.19)			0.13 (0.09)			0.28 (0.03)
低地草甸	1.19 (0.18)						1.22 (0.03)
山地草甸		3.26 (0.24)		2.43 (0.59)			3.33 (0.06)
高寒草甸		3.57 (0.60)	2.40 (0.25)	2.25 (0.35)	2.85 (0.23)		2.13 (0.05)

表 7-3　退牧还草工程下各省份不同类型草地植被地下部分固碳速率

[单位：Mg C/(hm^2·a)]

类别	内蒙古	四川	西藏	甘肃	青海	宁夏	新疆
温性草甸草原	0.25 (0.02)						
温性草原	0.18 (0.014)			0.17 (0.024)	0.11 (0.001)	0.14 (0.055)	0.22 (0.012)
温性荒漠草原	0.02 (0.01)			0.04 (0.025)		0.03 (0.016)	0.04 (0.005)

续表

类别	内蒙古	四川	西藏	甘肃	青海	宁夏	新疆
高寒草甸草原			0.08 (0.03)				
高寒草原			0.08 (0.00)		0.08 (0.021)		0.04 (0.004)
高寒荒漠草原			0.01 (0.009)				
温性草原化荒漠	0.06 (0.003)						0.01 (0.00)
温性荒漠	0.01 (0.001)			0.01 (0.007)			0.01 (0.00)
低地草甸	0.12 (0.004)						0.10 (0.041)
山地草甸		0.19 (0.05)		0.22 (0.017)			0.19 (0.001)
高寒草甸		0.25 (0.03)	0.11 (0.01)	0.26 (0.074)	0.17 (0.011)		0.22 (0.014)

表 7-4　退牧还草工程下各省份不同类型草地 1m 深度土壤固碳速率

[单位：Mg C/(hm^2 · a)]

类别	内蒙古	四川	西藏	甘肃	青海	宁夏	新疆
温性草甸草原	0.26 (0.054)						
温性草原	0.15 (0.044)			0.22 (0.07)	0.14 (0.054)	0.09 (0.034)	0.22 (0.06)
温性荒漠草原	0.03 (0.010)			0.03 (0.01)		0.05 (0.02)	0.05 (0.024)
高寒草甸草原			0.05 (0.01)				
高寒草原			0.08 (0.02)		0.01 (0.003)		0.03 (0.01)
高寒荒漠草原			0.01 (0.003)				

续表

类别	内蒙古	四川	西藏	甘肃	青海	宁夏	新疆
温性草原化荒漠	0.06 (0.013)						0.01 (0.001)
温性荒漠	0.01 (0.003)			0.001 (0.000)			0.001 (0.00)
低地草甸	0.11 (0.037)						0.11 (0.01)
山地草甸		0.20 (0.025)		0.19 (0.015)			0.22 (0.035)
高寒草甸		0.25 (0.04)	0.14 (0.017)	0.24 (0.018)	0.17 (0.024)		0.25 (0.09)

7.2.2 退牧还草工程固碳潜力的空间格局

总体上，2010～2020 年退牧还草工程下北方草地生态系统可达到的固碳潜力为（184.6±33.3）Tg，其中植被固碳潜力为（99.5±13.5）Tg［地上部分，（11.8±1.7）Tg；地下部分，（87.7±12.0）Tg］，土壤固碳潜力为（85.1±19.8）Tg。结合退牧还草工程实施面积（7627.5 万 hm^2），草地植被和 1m 深度土壤的平均固碳速率分别为 0.13Mg/(hm^2·a) 和 0.11Mg/(hm^2·a)。从不同省份来看，四川和内蒙古固碳潜力较高，植被固碳潜力分别为 21.5Tg 和 27.2Tg，土壤固碳潜力分别为 18.6Tg 和 23.7Tg；而宁夏的固碳潜力最低（植被，2.3Tg；土壤，2.0Tg）（图 7-1）。从不同草地类型来看，高寒草甸类具有极大的固碳潜力，植被和土壤固碳潜力分别达到 47.5Tg 和 41.3Tg，这与其较高的固碳速率和较大的工程覆盖面积有关；温性草原和山地草甸类固碳潜力也较高，草地生态系统固碳潜力分别为 31.6Tg 和 24.2Tg；以上三类草地固碳潜力之和约占总固碳潜力的 78%（图 7-2）。

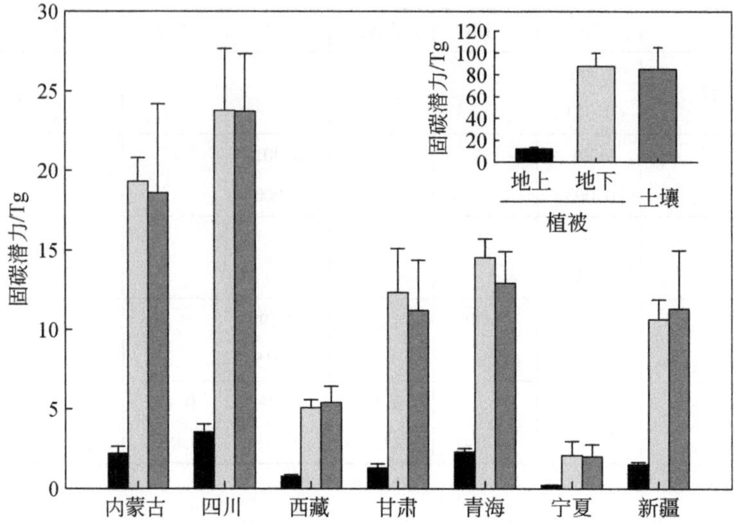

图 7-1　2010～2020 年退牧还草工程下不同省份植被地上、地下部分及土壤固碳潜力

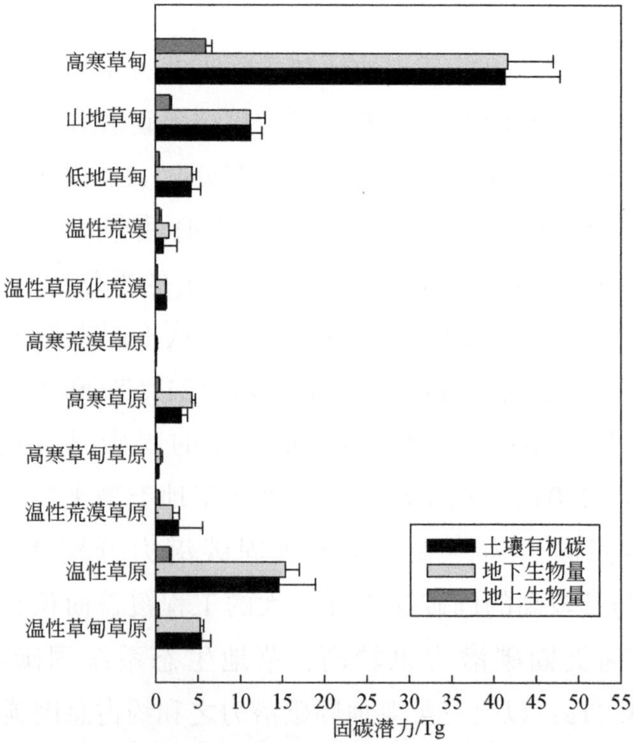

图 7-2　2010～2020 年退牧还草工程下不同类型草地植被地上、地下部分及土壤固碳潜力

7.3 讨 论

根据本研究结果，2010～2020年我国北方草地退牧还草工程可实现的固碳潜力约为（184.6±33.3）Tg，其中植被和土壤固碳潜力分别约为（99.5±13.5）Tg和（85.1±19.8）Tg。Shi和Han（2015）对退耕还林工程固碳潜力的估算结果表明，1999～2012年退耕还林工程下土壤碳库增量约为（156±108）Tg C，到2050年（维持工程现状）的土壤固碳潜力可达到（383±188）Tg C。这与退牧还草工程的固碳潜力相当。按研究结果，退牧还草工程实施至2020年，其固碳潜力相当于2006年我国的工业CO_2排放量的12%左右（Piao et al.，2009）。从年均固碳来看，植被的年均固碳潜力约为9.9Tg C/a，土壤约为8.5Tg C/a。根据Piao等（2007，2009）的估算，1982～1999年我国北方草地植被碳汇速率约为7Tg C/a，土壤碳汇速率约为6Tg C/a。考虑到其用于估算的草地面积为$331\times10^6hm^2$，约为退牧还草工程区面积的近5倍，该时间段的碳汇速率远小于2003年退牧还草工程实施后工程区的草地碳汇速率。这一结果也与实际情况比较符合，20世纪80年代初至90年代末期间，我国尚未有诸如退牧还草这类基于国家尺度的草地生态保护建设工程。在缺乏足够可利用数据的情况下，Wang等（2011）对我国草原围栏建设的固碳潜力进行了粗略估算，其假定将我国北方草地60%面积（$150\times10^6hm^2$）进行草原围栏管理，直接乘以文献计算得到的固碳速率，得到我国草地恢复建设下草地土壤的固碳潜力约为240Tg C/a，这一结果大大高于本研究的估算水平。据估算，我国免耕和相关农田管理措施的固碳潜力约为25～37Tg C/a（Lal，2002），而营造碳汇林的固碳潜力为165Tg C/a（Zhang and Xu，2003）。根据本研究结果，退牧还草工程的固碳潜力小于以上在农田和森林生态系统上所进行的管理措施。

考虑到退牧还草工程的实施面积，工程措施下草地植被和1m深度土壤的平均固碳速率分别约为0.13Mg/(hm^2·a)和0.11Mg/(hm^2·a)。有研究表明美国的休耕保护计划项目中将耕地转变为永久草地后土壤（小于40cm深度）固碳速率为0.11～3.04Mg C/(hm^2·a)(Gebhart et al.，1994；Bruce et al.，1999；Post and Kwon，2000)，退牧还草工程的土壤固碳速率介于该工程固碳速率估算范围最小值区间。在我国，大量研究估算了退耕还林（草）工程下的土壤固碳速率(Zhang et al.，2010；Chang et al.，2011；Zhao et al.，2013；Deng et al.，2014a)，如Chang等（2011）基于文献发表数据利用时间-权重平均值法计算得到的黄土高原0～20cm土壤固碳速率为0.29～0.43Mg C/(hm^2·a)，Zhang等（2010）使用同样方法对国家尺度的估算结果表明20cm土壤的固碳速率约为0.37Mg C/(hm^2·a)。由此可见，与上述工程相比，退牧还草工程的固碳速率相对较小，这主要与不同工程的各自特点有关。退牧还草工程主要目的在于利用草原围栏管理达到排除过度放牧等人类活动的干扰，旨在利用草地的自我修复能力来加快自然植被的恢复，因此土壤碳的恢复和累积速率相对较慢。

研究发现不同类型草地的固碳速率表现出较大的差异，草甸类的固碳速率较高而荒漠类草地的固碳速率很低。这可能与不同草地类型分布区域的水热条件有关，我国的草地类型的划分即是以降水和热量状况为依据。Feng等（2013）对黄土高原退耕还林工程的研究也表明，降水充沛的森林和森林-草原区的生态系统固碳速率要高于水分条件较差的荒漠草原区。退牧还草工程固碳速率的区域分异意味着在降水较为充足的草甸区进行工程建设具有更大的固碳潜力，对提出与提高草地碳汇功能和减缓区域气候变化相适应的工程布局策略具有重要启示意义。

7.4 本章小结

根据样地清查数据（2011 ~ 2012 年），我国退牧还草工程下草地植被的平均固碳速率约为 0.13Mg/(hm^2 · a)，土壤固碳速率约为 0.11Mg/(hm^2 · a)。不同类型草地的固碳速率表现出明显差异，草甸类的固碳速率较高，而荒漠类草地较低。2010 ~ 2020 年退牧还草工程下，我国北方草地退牧还草工程可实现的固碳潜力为（184.6±33.3）Tg，其中植被和土壤固碳潜力分别为（99.5±13.5）Tg 和（85.1±19.8）Tg。从不同省份看，四川固碳潜力最高，宁夏最低。从不同草地类型来看，高寒草甸类固碳潜力占总固碳潜力的比例约为 50%。

第 8 章 基于 IPCC 框架的退牧还草工程土壤固碳量估算

土壤碳库是陆地生态系统中最大的碳库，仅土壤有机碳储量就约占陆地生态系统碳储量的 75%，是大气碳库的近 2 倍，植被碳库的约 3 倍（Lal，1999）。土壤有机碳易受到土地利用变化的影响，土地利用/土地覆盖变化会导致土壤碳库的“源”“汇”功能发生转变（Houghton and Hackler，2003）。在单一土地利用类型中，特别是在农田和草地中，多种管理活动也会对土壤有机碳产生重要的影响（Conant et al.，2001；Ogle et al.，2004）。《2006 IPCC 国家温室气体清单指南》（以下简称《IPCC 指南》）提供了用以估算土地利用和土地管理引起的土壤碳储量变化通用的优良做法，指南还为所有部门提供了所要求的各个参数和排放因子的缺省值，不同的国家或地区可根据其信息和资源的可获取程度对碳库变化进行估算。该方法的好处是在一定程度上保持了各国或地区估算结果之间的兼容性、可比较性和一致性。

8.1 IPCC 优良做法

对于草地（包括一直属于草地植被和牧草利用或由其他土地类别转化为草地超过 20 年的管理牧场）上进行的管理活动，《IPCC 指南》给出了基于一个确定时期内土壤碳库变化的估算方法。碳库变化的计算是基于管理条件变化后的碳库与参照条件（即没有退化或改良的自然植被）中的碳库之间的差异。该方法隐含着两个基本假设，即管理条件变化后土壤碳库会随着时间变化逐渐达到新的平衡状态，且在该过程中土壤有机碳呈线性变化。就草地生态系统而言，《IPCC 指南》将土壤碳储量定义为进入 30cm 深度的矿质土壤层的有机碳，不包括地表剩余物（即死有机质）中的碳或无机碳（即碳酸盐矿物）的变化。式（8-1）~式（8-5），根据适用于各自时点的参考碳储量和储量变化因子对清查中某个草地体系面积清查初期的土壤碳储量［SOC_i（h）］和清查期最后一年的土壤碳储量［SOC_f（h）］进行估计，用储量的差额除以清查时期即为土壤碳库变化的年度速率。此处，某个草地体系是指一种特定的气候、土壤和管理组合，草地生态系统的清查时期通常默认是 20 年。

根据我国草地生态系统和退牧还草工程实施的实际情况，研究按照省份和草地类进行分层，即以特定的省份、草地类和管理措施组合为基本单元进行估算。我国退牧还草工程任务主要分布在北方七省份（内蒙古、四川、西藏、甘肃、青海、宁夏、新疆）。按照《中国草地资源》，草地类为我国草地的第一级分类单位，指的是具有相同水热大气候带特征和植被特征的一类草地，此外，草地类的划分还综合了地形、土壤等多方面因素。基于现阶段数据信息的可获取性，研究使用更能代表我国特定情况的省份和草地类的组合用以替代《IPCC 指南》中所推荐的按照气候区域和土壤类型的分层方法。在全国尺度上，我国的草地生态系统被划分为 18 个草地类，而本研究中涉及的退牧还草工程区一共涵盖了 11 个草地类。

对于矿质土壤而言，0 ~ 30cm 土壤有机碳库年度变化（ΔC，Tg C/a）的计算如下式：

$$\Delta C=\frac{[SOC_f(h)-SOC_i(h)]}{10^6\times D} \tag{8-1}$$

式中，SOC_i（h）为在管理措施 h 下清查初期的土壤有机碳库（Mg C）；SOC_f（h）为在管理措施 h 下清查时期最后一年的土壤有机碳库（Mg C）；D 为碳库变化系数的时间依赖［即平衡的 SOC 值间转移的缺省时间段，年。通常是 20 年，但取决于式（8-2）、式（8-3）中计算系数 F_{LU}、F_{MF}和 F_I时所做的假设］。研究中，围栏建设和草地补播分别对应的 D 为 10 年和 8 年。

式（8-1）中 SOC（h）的计算如下式：

$$SOC(h) = SOC_{ref} \times F_{LU} \times F_{MF} \times F_I \times A \tag{8-2}$$

式中，SOC_{ref}为土壤有机碳密度参考值（Mg C/hm^2）；F_{LU}为特定土地利用中土地利用系统或亚系统的库变化因子（无量纲），研究中土地利用并未产生变化，因此 F_{LU}数值为 1；F_{MF}为管理制度的碳库变化因子（无量纲），研究中清查初期的土壤有机碳密度即为碳密度参考值（SOC_{ref}），因此在计算 SOC_i（h）时，$F_{MF}=1$；F_I为有机质投入的碳库变化因子（无量纲），退牧还草工程两种主要管理措施（围栏建设和草地补播）都没有额外的有机质投入，因此 F_I数值为 1；A 为退牧还草工程不同管理措施的实施面积（hm^2）。

退牧还草工程的实施方式为逐年分片启动，即在研究估算区间内（2003～2013 年）历年均实施了管理措施。由于不太可能获取每一实施年份对应的 SOC_{ref}数据，因而使用工程实施初期（2003 年左右）的文献调研数据以及部分成对围栏调查数据计算土壤碳库参考值，该方法的前提条件是假定 SOC_{ref}在工程实施期间没有发生明显变化。研究中依据 IPCC 优良做法获取的草地碳库系数的时间依赖（D）为 20 年，但退牧还草工程措施的持续时间不足 20 年，假定工程措施下土壤碳库呈线性变化，对式（8-2）进行调整，将不同实施年份对应的 SOC（h）数值乘以相应的转换因子。例如，2003 年实施的管理措施相对应清查期最后一年（2013 年）持续了 10 年，则乘以系数 0.5。由此，综合上述公式，退牧还草工程下各省份的土壤有机碳库年度变化（ΔC_p，Tg C/a）及累积变化量（ΔCS_p，Tg C）的计算公式如下：

$$\Delta C_{\mathrm{pGE}} = \frac{\sum_{1}^{n}\left[\mathrm{SOC}_{\mathrm{ref}} \times (F_{\mathrm{GE}} - 1) \times \sum_{s=2003}^{2012}\left(A_{\mathrm{GT}} \times \Delta A_{s\mathrm{GE}} \times \frac{(2013 - s)}{20}\right)\right]}{10^6 \times 10} \tag{8-3}$$

$$\Delta C_{\mathrm{pSP}} = \frac{\sum_{1}^{n}\left[\mathrm{SOC}_{\mathrm{ref}} \times (F_{\mathrm{SP}} - 1) \times \sum_{s=2005}^{2012}\left(A_{\mathrm{GT}} \times \Delta A_{s\mathrm{SP}} \times \frac{(2013 - s)}{20}\right)\right]}{10^6 \times 8} \tag{8-4}$$

$$\Delta \mathrm{CS}_{\mathrm{p}} = \left\{ \sum_{1}^{n}\left[\mathrm{SOC}_{\mathrm{ref}} \times (F_{\mathrm{GE}} - 1) \times \sum_{s=2003}^{2012}\left(A_{\mathrm{GT}} \times \Delta A_{s\mathrm{GE}} \times \frac{(2013 - s)}{20}\right)\right] + \sum_{1}^{n}\left[\mathrm{SOC}_{\mathrm{ref}} \times (F_{\mathrm{SP}} - 1) \times \sum_{s=2005}^{2012}\left(A_{\mathrm{GT}} \times \Delta A_{s\mathrm{SP}} \times \frac{(2013 - s)}{20}\right)\right] \right\} / 10^6 \tag{8-5}$$

式中，ΔC_{pGE}和 ΔC_{pSP}分别为围栏建设和草地补播措施下各省份 0 ~ 30cm 土壤有机碳库的年度变化（Tg C/a）；$\Delta \mathrm{CS}_{\mathrm{p}}$为 2003 ~2013 年退牧还草工程下各省份 0 ~30cm 土壤有机碳库累积变化量（Tg C）；n 为退牧还草工程区内各省份草地类的数量；F_{GE}和 F_{SP}分别为围栏建设和草地补播措施对应的草地碳库变化因子（无量纲）；s 为工程实施年份，范围为 2003 ~2012 年，围栏建设的初始实施年份为 2003 年，草地补播的初始实施年份为 2005 年；A_{GT}为各省份退牧还草工程区内不同草地类面积占草地总面积的百分比；$\Delta A_{s\mathrm{GE}}$和 $\Delta A_{s\mathrm{SP}}$分别为各省份 s 年实施围栏建设和草地补播措施的面积（hm^2），由于无法获悉实施退牧还草工程的准确空间坐标，假定各省份的管理措施均匀地实施在不同草地类上，即在年份 s 各省份某一草地类上实施的管理措施面积为 $A_{\mathrm{GT}} \times \Delta A_s$。

根据上述公式，将各省份土壤有机碳库年度变化加和得到不同工程措施下草地土壤有机碳库年度变化，将各省份土壤有机碳库累积变化量加和得到 2003 ~2013 年全国退牧还草工程的固碳总量。

8.2 数据来源

8.2.1 工程实施面积

退牧还草工程区各省份不同草地类面积占草地总面积的比例（A_{GT}）主要根据中国行政区划图和《中国草地资源》获取，各省份历年退牧还草工程（包括围栏建设和草地补播两种管理措施）的实施面积数据来源于农业部（现农业农村部）草原监理中心提供的统计资料。

8.2.2 土壤碳密度参考值

IPCC 方法推荐将没有退化或改良的自然草地植被作为参照条件，而本研究中，考虑到退牧还草工程的实际情况，我们将工程实施初期或工程措施外退化草地的土壤碳密度作为参考值。土壤碳密度参考值（SOC_{ref}）数据主要来源于文献挖掘和野外成对围栏调查数据。文献挖掘数据以 Yang 等（2010a）的调查数据为主，该研究在 2001 ~ 2005 年期间广泛调查了中国北方草地（除四川省外）0 ~ 30cm 草地土壤有机碳密度分布，在时间上与退牧还草工程实施初期（2003 年）较为契合。此外，我们于 2011 ~ 2013 年，在退牧还草工程区对围栏建设措施内、外 0 ~ 30cm 土壤碳库进行了实地调查，围栏外草地的土壤碳密度值可作为 SOC_{ref}的数据源。

基于所有数据样点的经纬度信息，将退牧还草工程实施范围图和工程实施区草地类型图叠加，提取位于工程区内的 SOC_{ref}调查样点，该部分数据被用于计算各省份不同草地类的碳密度参考值。

8.2.3 草地管理的碳库变化因子

用以计算碳库变化因子的数据主要来源于文献调研和野外实地调查。文献调研使用 ISI Web of Science 和中国知网（CNKI）两大数据库，检索有关围栏建设或草地补播对土壤有机碳储量影响的研究论文。文献的筛选条件包括：①必须是在天然草地上进行的实验。②必须报道草地的土壤有机碳储量（或发表的数据足够计算出土壤碳储量）。③必须标明具体研究地点、土壤取样深度以及管理措施持续的年限。根据以上标准搜集文献资料包括管理措施内外的对比实验研究和在天然草地上进行的长时间观测或调查研究。基于同一样点不同时间序列的研究结果均被纳入数据库中。另外，于 2011 ~ 2013 年在实施退牧还草工程的北方七省份进行成对样地调查工作，获取了围栏建设工程内、外 30cm 深度草地土壤有机碳库数据。

用于计算碳库变化因子的响应变量（response ratio，RR）为实施了管理措施草地的土壤有机碳储量相对没有实施管理措施草地的土壤碳库（对照）的比率，响应比（RR）的具体计算公式如下：

$$RR = SOC_M - SOC_C \tag{8-6}$$

式中，SOC_M和 SOC_C分别为实施了和未实施管理措施草地的 30cm 深度土壤有机碳库。

8.3 不确定性分析

8.3.1 不确定分析的逻辑框架

不确定性估算是建立一个完整的 IPCC 国家温室气体清单的基本要

求之一，对于估算结果的不确定性分析有助于确定未来改进清单准确性的优先努力方向和指导有关方法学选择的决策（IPCC，2000）。在土地利用变化良好做法中，通常采用蒙特卡洛方法（Monte Carlo method）综合碳库变化因子、参考碳库和活动数据中的不确定性，以估算土壤碳库变化的平均值和标准偏差（Ogle et al.，2003；van den Bygaart et al.，2004；Maia et al.，2010）。蒙特卡洛方法，也称随机模拟法，是20世纪40年代中期随着电子计算机的发明，而被提出的以概率统计理论为指导的一类数值计算方法。蒙特卡洛分析能够定量化地描述评估结果的变异性和不确定性，是环境风险评估领域最为常见的概率统计方法之一。蒙特卡洛方法的基本思路是从输入变量的概率密度函数（probability density function，PDF）中随机抽样，由这些随机抽样的值产生模拟的输出结果，利用计算机多次重复这一过程即可产生最终结果数值的概率分布（van den Bygaart et al.，2004）。此外，蒙特卡洛分析还能够识别不同输入变量对于输出结果不确定性的相对重要性。在研究中，土壤碳库变化存在三大类不确定性来源：①“退牧还草”工程措施面积和《中国草地资源》中各草地类型面积的不确定性；②参考土壤碳库中的不确定性；③围栏建设和草地补播管理因子中的不确定性。图8-1展示了蒙特卡洛法进行不确定分析的基本逻辑框架。如图所示，首先构建上述三大类数据源的概率密度函数分布，基于函数分布对各类数据进行随机抽样并模拟数万次，进而得到最终结果的均值及置信区间。

8.3.2 输入变量的概率密度函数

1）SOC_{ref}

当某一省份某一草地类数据点小于5个时，使用相邻省份的数值进行替代。使用KS检验对各省份不同草地类数据进行正态性拟合，从

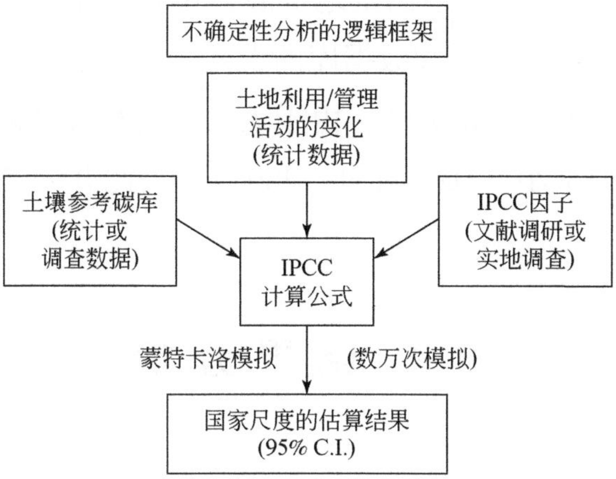

图 8-1　IPCC 不确定性分析的逻辑框架

而得到 SOC_{ref} 的概率密度函数分布。使用 Moran′s I 检验 SOC_{ref} 数据调查样点的空间聚集性，分析其对不确定性的影响。

2）F_{MF}

用线性混合效应模型对 F_{MF} 数据进行分析，获取不同草地类的退牧还草工程措施草地管理因子。线性混合效应模型包括固定和随机两种效应。研究中固定效应包括自管理改变起的年数和草地类型。同样，我们也不总计在不同时点从同项研究收集的数据。因此，将随机效应用于说明时间序列数据中的相互依赖性和代表同项研究中不同深度的数据点之间的相互依赖性。我们估计工程实施 20 年时土壤上部 30cm 管理做法效应的因子。计算每个因子值的方差并可将它用于构建具有正常密度的概率分布函数。

3）工程面积

通过将典型区域调查得到的退牧还草工程 GPS 定位信息与实际工程实施面积进行比较分析，确定工程实施面积数据的误差约为±1%。由于工程实施面积直接与经济补偿挂钩，因此在实际实施过程中面积没有出现上浮的情况。《中国草地资源》中报道了我国草地生态系统18个草地类的面积数据，该数据库的误差为±3%，另外，不同草地类的面积间可能存在一定相关性，由于无法确定相关性的大小，且其对最终结果的影响很小（Ogle et al.，2003），因此并未考虑面积数据间的相互依赖性。

8.4 结果分析

8.4.1 管理措施动态变化

围栏建设措施自2003年开始实施，截至2013年，甘肃、内蒙古、四川、西藏、青海、宁夏、新疆各省份的累计实施面积分别达到696.6万 hm^2、1673万 hm^2、756万 hm^2、576万 hm^2、822万 hm^2、155万 hm^2、1267万 hm^2。其中，西藏从2004年开始实施围栏建设管理，宁夏于2010年停止围栏建设（表8-1，表8-2）。所有省份的草地补播措施均于2005年开始实施，截至2013年，甘肃、内蒙古、四川、西藏、青海、宁夏、新疆各省份的累计实施面积分别达到200.5万 hm^2、409.8万 hm^2、183.7万 hm^2、13.8万 hm^2、178.6万 hm^2、176万 hm^2、41.5万 hm^2（表8-1，表8-2）。总体上，我国退牧还草工程合计实施面积约为7149万 hm^2（表8-1，表8-2）。

表8-1 退牧还草工程实施区各省份不同草地类面积

（单位：10^4hm^2）

类型	内蒙古	四川	西藏	甘肃	青海	宁夏	新疆
温性草甸草原	424.7						
温性草原	970.1			107.6	85.4	64.3	419.3

续表

类型	内蒙古	四川	西藏	甘肃	青海	宁夏	新疆
温性荒漠草原	413.4			57.2		132.1	468.6
高寒草甸草原			603.4				
高寒草原			2661.0	105.6	508.4		167.7
高寒荒漠草原			834.8				
温性草原化荒漠	398.0					23.4	399.8
温性荒漠	1656.5			382.9			1550.9
高寒荒漠			454.2				
低地草甸	544.1						288.3
山地草甸		383.2		152.5			305.2
高寒草甸		935.6	1331.1	234.4	2020.2		363.0

表 8-2　各省份历年退牧还草工程面积动态　（单位：10^4hm^2）

省份	年份									
	2003	2004	2005	2006	2007	2008	2009	2010	2011	2012
围栏建设										
甘肃	78.7	73.3	73.3	108.7	57.9	62.3	63.0	76.0	56.7	46.7
内蒙古	203.2	185.3	180.0	266.7	140.7	140.8	141.3	180.0	117.7	117.3
宁夏	30.7	30.0	30.0	40.0	14.0	3.3	3.3	4.0		
青海	102.7	80.0	93.3	130.0	67.3	70.0	71.3	86.0	61.0	60.0
四川	96.0	75.3	86.7	118.7	62.0	63.3	64.0	80.0	55.0	55.0
西藏		8.7	53.3	113.3	64.1	66.7	68.0	82.0	60.3	59.7
新疆	137.3	133.3	133.3	197.3	110.7	110.0	108.7	152.0	92.0	92.0
草地补播										
甘肃	0	0	28.0	39.0	20.2	21.0	21.3	34.7	18.3	18.0
内蒙古	0	0	54.0	80.0	48.2	42.3	42.4	72.5	35.3	35.2
宁夏	0	0	22.0	32.6	17.4	18.8	18.9	30.7	17.0	18.73
青海	0	0	16.0	34.0	19.2	20.0	20.3	33.1	18.1	17.9

续表

省份	年份									
	2003	2004	2005	2006	2007	2008	2009	2010	2011	2012
四川	0	0	26.0	35.6	18.6	19.0	19.2	32.3	16.5	16.5
西藏	0	0	2.0	2.4	0.1		5.3	4.0		
新疆	0	0	9.0	12.0	4.2	1.0	1.0	1.6	6.3	6.3

8.4.2 土壤有机碳库参考值空间分布

估算结果表明，不同草地类型的土壤有机碳库参考值具有较大差异，其中水分条件较好的高寒草甸类和山地草甸类土壤碳储量较高，而荒漠草原类较低。四川和新疆的高寒草甸和山地草甸土壤碳储量参考值分别达到了 101.4Mg C/hm^2、86.6Mg C/hm^{2}和 100.7Mg C/hm^2、120.5Mg C/hm^2，而荒漠类草原的土壤碳储量参考值均在 20Mg C/hm^{2}以下（表8-3）。

表 8-3　各省份不同草地类土壤碳库参考值（±SE）

（单位：Mg C/hm^2）

类型	内蒙古	四川	西藏	甘肃	青海	宁夏	新疆
温性草甸草原	62.2 (9.1) n=10						
温性草原	41.1 (2.4) n=32			35.3 (3.35) n=10	42.3 (19.1) n=6	33.5 (7.8) n=5	49.8 (6.4) n=17
温性荒漠草原	21.6 (2.1) n=12			18.6 (1.7) n=5		14.8 (1.7) n=5	31.8 (3.5) n=23

续表

类型	内蒙古	四川	西藏	甘肃	青海	宁夏	新疆
高寒草甸草原			26.7 (2.9) n=5				
高寒草原			24.1 (1.7) n=28		39.4 (25.8) n=26		41.5 (8.1) n=6
高寒荒漠草原			17.4 (3.0) n=8				
温性草原化荒漠	16.1 (1.2) n=20						14.9 (2.3) n=8
温性荒漠	8.8 (0.8) n=10			17.3 (2.2) n=15			12.7 (0.9) n=9
高寒荒漠			7.8 (0.7) n=5				
低地草甸	66.1 (2.4) n=67						63.6 (16) n=6
山地草甸		86.6 (4.8) n=18		87.5 (7.9) n=12			120.5 (9.6) n=17
高寒草甸		101.4 (7.3) n=6	61.9 (4.8) n=25	97.8 (12.6) n=6	82.8 (38.7) n=35		100.7 (12.5) n=6

注：括号内为标准误差

8.4.3 管理因子

涉及围栏建设措施的研究文献较多，因此对不同草地类的管理因子进行了估算。如图 8-2 所示，围栏管理后，温性草原、山地草甸和温性草甸草原的土壤碳库变化较大，其管理因子分别为 1.084、1.079 和 1.074。高寒草原和高寒草甸的管理因子分别为 1.036 和 1.067。高寒荒漠草原、温性荒漠草原和温性草原化荒漠在围栏管理后土壤碳库变化较小，管理因子分别为 1.009、1.00 和 1.015。草地补播工程后土壤有机碳库变化要明显高于围栏建设工程，其管理因子约为 1.153。

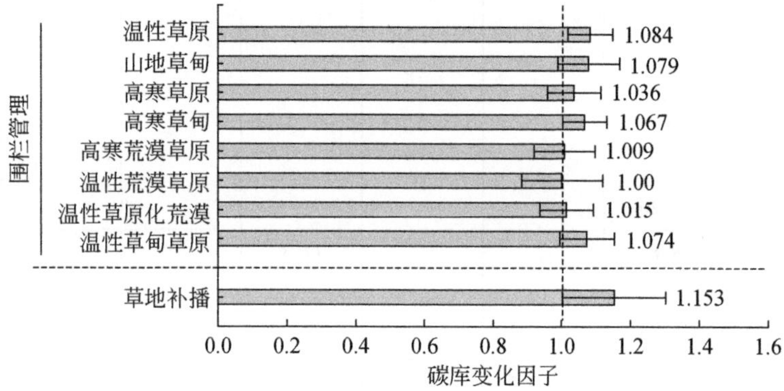

图 8-2 退牧还草工程草地管理措施的碳库变化因子

8.4.4 退牧还草工程下土壤有机碳库变化（2003～2013 年）

如表 8-4 所示，从总固碳量上看，全国 2003～2013 年围栏建设工程固碳量约为 54.6Tg（40.8～68.7Tg）。不同省份固碳量差异较大，内蒙古、四川、西藏、甘肃、新疆、宁夏、青海七省份固碳量分别为 10.0Tg、15.3Tg、2.0Tg、7.8Tg、8.5Tg、1.6Tg、9.3Tg，其中内蒙古、四川、青海固碳潜力较大，约占总固碳量的 70%；从不同草地类来看，高寒草甸、温性草原、山地草甸的土壤碳库增量较高。

2005～2013 年全国草地补播工程固碳量约为 20.9Tg（14.1～28.1Tg）。内蒙古、四川、西藏、青海、甘肃、宁夏、新疆七省份草地补播工程下 0 ~ 30cm 土壤有机碳库增量分别为 4. 7Tg、6. 6Tg、0. 1Tg、3. 1Tg、5. 3Tg、0. 5Tg、0. 6Tg。草地补播工程下，仍为四川、内蒙古、青海三省份土壤固碳量较高，约占总固碳量的 75%，西藏、宁夏和新疆三省份的固碳量较小。

表 8-4　2003 ~ 2013 年退牧还草工程下草地土壤碳库变化

省份	面积 /10^4hm^2	年均固碳量 /(Tg C/a)	置信区间 95% CI/(Tg C/a)		范围 /(Tg C/a)	固碳速率/[Mg C/(hm^2 · a)]
			上限	下限		
围栏建设						
甘肃	821. 7	0. 78	1. 20	0. 37	0. 83	0. 09
内蒙古	1673. 0	1. 00	1. 48	0. 53	0. 95	0. 06
宁夏	155. 3	0. 16	0. 24	0. 08	0. 16	0. 10
青海	696. 6	0. 93	1. 73	0. 25	1. 48	0. 13
四川	756. 0	1. 53	2. 45	0. 62	1. 83	0. 20
西藏	576. 0	0. 20	0. 36	0. 06	0. 30	0. 03
新疆	1260. 8	0. 85	1. 26	0. 47	0. 79	0. 07
汇总	5939. 5	5. 45	6. 87	4. 08	2. 79	0. 09
草地补播						
甘肃	178. 6	0. 39	0. 60	0. 20	0. 40	0. 22
内蒙古	409. 9	0. 59	0. 85	0. 34	0. 51	0. 14
宁夏	176. 1	0. 06	0. 16	-0. 03	0. 19	0. 06
青海	200. 5	0. 66	1. 31	0. 14	1. 17	0. 33
四川	183. 7	0. 82	1. 39	0. 29	1. 10	0. 45
西藏	13. 9	0. 01	0. 02	0. 01	0. 01	0. 10
新疆	39. 7	0. 08	0. 11	0. 04	0. 07	0. 20
汇总	1202. 4	2. 62	3. 51	1. 76	1. 75	0. 22
退牧还草工程	7141. 9	7. 55	9. 71	5. 99	3. 72	0. 11

总体上，2003 ~ 2013 年全国退牧还草工程（包括围栏建设和草地补播）下 0 ~ 30cm 土壤有机碳增量约为 75. 5Tg（59. 9 ~ 97. 1Tg），年均固碳量约为 7. 5Tg/a，平均土壤固碳速率约为 0. 11Mg C/(hm^2 · a)。

8.4.5 结果的不确定性来源

如图 8-3 所示，管理因子和土壤有机碳库参考值对最终结果的不确定性影响较大，其中四川和青海高寒草甸的管理因子对最终结果不确定性的影响约达 40%。这说明准确的估算管理因子大小及其不确定性对整个估算方法具有重要意义，其极大地影响了结果的不确定性。

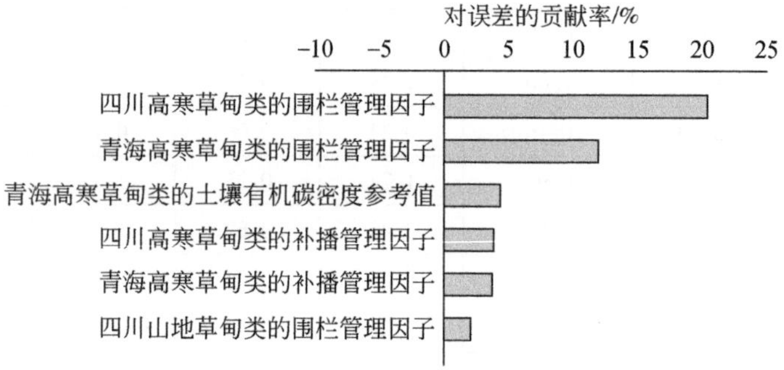

图 8-3　敏感性分析结果

8.5 讨　　论

本研究采用修正的 IPCC 第二层级方法的估算结果表明，2003 ~ 2012 年 10 年间我国退牧还草工程下草地 0 ~ 30cm 土壤总固碳量约为 75. 5Tg，不确定范围在 59. 9 ~ 97. 1Tg（95% 置信区间）。尽管结果存在较大的不确定性，但表明近 10 年来，我国的退牧还草工程显著增加了草地土壤有机碳储量，发挥了巨大的固碳效益，这一增量相当于 2006 年全国化石燃料造成 CO_2 排放量的约 5%（Piao et al.，2009）。以往，诸多学者都使用 IPCC 第二层级的方法对不同区域管理措施下各类生态系统的碳储量变化进行了估算，如 Olge 等（2003）利用 IPCC 清单法对 1982 ~ 1997 年各类农业管理措施下美国农田生态系统的土壤有机碳储量变化进行估算，其结果表明矿质土壤碳库的年度增加量为 6.5 ~ 15.3Tg/a。van den Bygaart 等（2004）对 1991 ~ 2001 年加拿大农田碳储量变化的估算结果为 3.2 ~ 8.3Tg/a。上述研究比较系统地估算了土壤碳变化的不确定性，但未考虑面积数据的动态变化。在我国，Tang 和 Nan（2013）对黄土高原农田管理措施固碳潜力的估算结果表明，年均固碳量约为 6.054Tg/a（2.623 ~ 11.94Tg/a）。张良侠等（2014）研究表明 2000 ~ 2006 年内蒙古京津风沙源治理工程的碳汇量约为 0.6Tg。以上研究的管理因子都是直接使用 IPCC 的缺省值。

卢鹤立（2009）基于 IPCC 方法体系，估算了我国 2002 ~ 2020 年围栏措施、人工种草、灭鼠等管理措施下草地碳储量的变化。其结果表明，围栏措施下年度土壤固碳量约为 8.1Tg/a，人工种草措施的总固碳量约为 5.53Tg/a。两种管理措施的年度碳库变化量分别为 5.45Tg/a 和 2.62Tg/a，该结果小于上面的研究结果。估算结果的差异与数据来源有很大关系。卢鹤立（2009）使用的是全国第二次土壤普查数据计算土壤参考值，而本研究是根据文献和调查数据获取的 2003 年左右的草地碳密度基线；卢鹤立（2009）研究中管理因子采用的是 IPCC 默认缺省值，而本研究使用的是基于我国已发表文献的线性混合模型估算结果；另外本研究针对的是退牧还草工程，实施面积数据来源的不同也造成估算结果间存在较大差异。

敏感性分析结果表明，四川和青海高寒草甸类的管理因子与土壤碳储量参考值的变化对最终结果的不确定性产生了极大的影响。这主要是由于高寒草甸类的土壤参考碳储量较高，因而即使微小的变动也可能对结果产生较大影响。其他使用 IPCC 方法的研究也发现了类似结果，管理因子的变动对于结果的不确定往往具有较大影响（van den Bygaart et al., 2004）。以上结果意味着使用 IPCC 第二层级方法进行碳库变化估算时，管理活动的变化因子以及初始碳储量参考值估算应格外谨慎。此外，IPCC 方法假设土壤碳储量呈线性变化，这与诸多研究所发现的土壤有机碳的非线性动态变化格局并不一致，因此也可能对最终结果造成一定的不确定性（Post and Kwon，2000；Paul et al.，2002；Zhang et al.，2010）。

第 9 章 退牧还草工程固碳能力与生物环境因子的关系

诸多研究表明，不同干扰方式或管理措施会改变草地生态系统碳循环过程，影响草地的碳固持效应，而这一过程也受到一系列具有高度内在相关性的生物及环境因子（诸如温度、降水、土壤内在属性、植物群落组成）的影响（Reeder and Schuman，2002；Piñeiro et al.，2009；McSherry and Ritchie，2013；Hu et al.，2015）。

我国的退牧还草工程措施的实施，极大地改变了工程区域的草地利用方式，对草地植被群落结构和生态系统碳循环产生深远影响。大量研究都证明工程所涉及的管理措施能够显著地增加草地碳储量（Su，2003；Shang et al.，2008；Wang et al.，2011；Hu et al.，2015），第 6 ~ 第 8 章的估算结果也表明工程措施增加了草地碳库。进一步分析工程区域内影响不同草地利用方式固碳潜力的主要生物环境因子，有助于理解工程措施下草地生态系统的固碳机制，提出适应于增加草地碳汇能力的草地管理模式，并为今后退牧还草工程的合理布局及实施策略提供科学的参考。

9.1 数据与方法

9.1.1 成对样地调查

野外调查时间为 2011 ~ 2012 年 7 ~ 8 月，采用成对实验设计方法，一共选取了 129 个成对样地进行调查取样。调查样点覆盖了内蒙古、四川、西藏、甘肃、青海、宁夏和新疆七省份的主要工程实施区域(图 9-1)，研究样地均为退牧还草工程划定的围栏建设工程，工程的实施时间在 2003 ~ 2005 年，建设年限为 6 ~ 9 年。每个样点均记录下

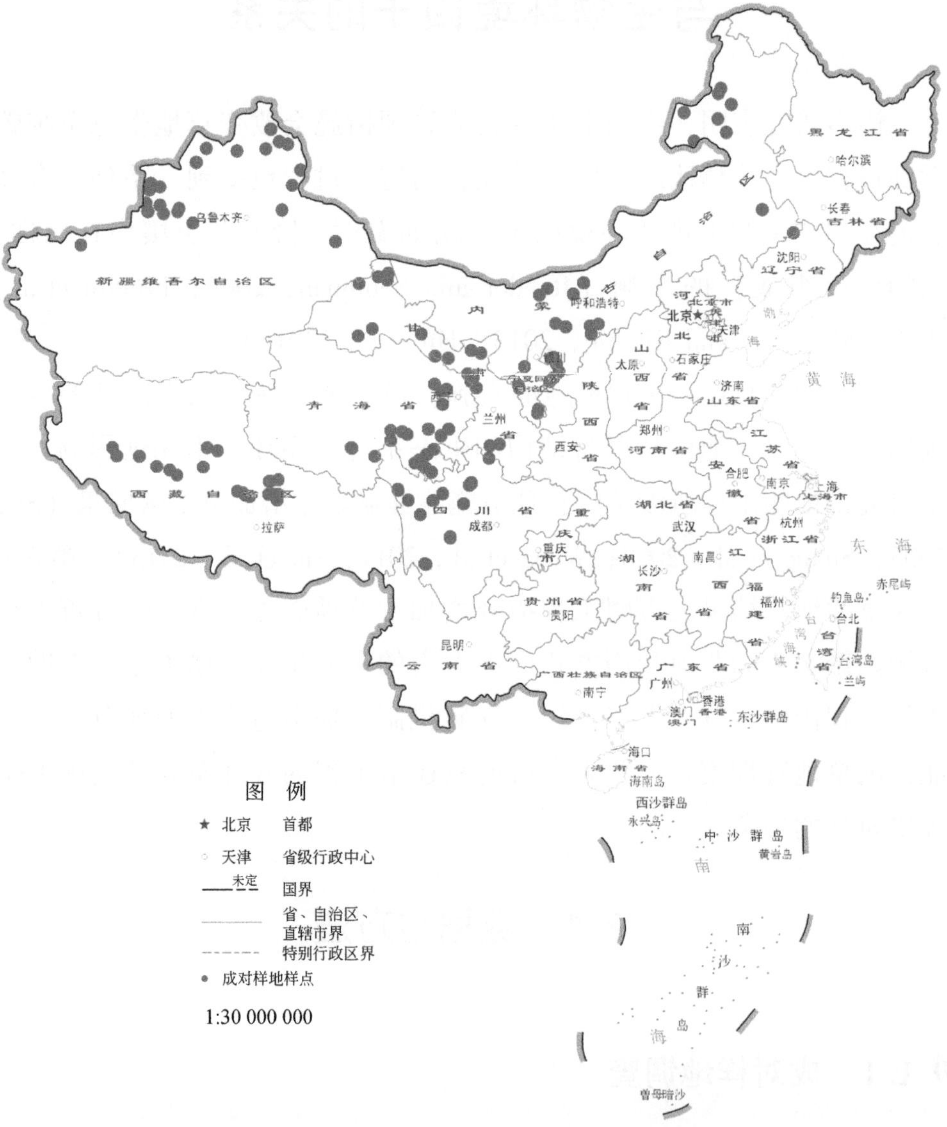

图 9-1　调查样地分布图

经纬度、海拔、植被类型、主要优势种等信息。调查中，分别在草原围栏内外选择植被生长均匀、异质性较小的地段布设样地，工程区内、外样地之间距离至少相隔 500m。每个样地设置 1 条 100m 长的样线，沿样线每隔 20m 布置一个 1m×1m 草地样方用于植被和土壤样品采集。采用齐地刈割法收获草地群落的地上生物量，采用对角线法采集根系样品（直径 7cm 根钻取 5 钻至最大深度），土壤样品使用直径 4cm 土钻进行采集（0～30cm 深度）。采集的土壤样品风干后过 0.149mm 网筛待测。同时每条样线旁挖一个长 150cm、宽 50cm、深 100cm 的容重坑，使用环刀法获取土壤容重样品，用以测定土壤容重及砾石比。带回住处后立即冲洗漂净并将根系分离，所有植物样品均用烘箱 65℃烘干至恒重，并称取干重。采用重铬酸钾容量法测定植物和土壤碳含量，采用凯氏定氮法测定土壤全氮含量（中国科学院南京土壤研究所，1978），土壤砾石比含量参照陈杰（2007）的方法进行测定。

退牧还草工程内、外草地植被碳储量（VegD）用下式进行计算：

$$\mathrm{VegD}=\mathrm{Veg_c}\times M\times 10^{-3} \tag{9-1}$$

式中，$\mathrm{Veg_c}$ 为植被碳含量（g/kg）；M 为植被干物质量（g/m^2）。

退牧还草工程内、外的土壤有机碳储量（SOCD）和全氮储量（TND）用以下公式进行计算：

$$\mathrm{SOCD}=\mathrm{SOC_c}\times\rho\times H\times(1-\delta_{2\mathrm{mm}})\times 10^{-1} \tag{9-2}$$

$$\mathrm{TND}=\mathrm{TN_c}\times\rho\times H\times(1-\delta_{2\mathrm{mm}})\times 10^{-1} \tag{9-3}$$

式中，$\mathrm{SOC_c}$ 为土壤有机碳含量（g/kg）；ρ 为土壤容重（g/cm^3）；H 为土层深度，本研究中为 30cm；$\delta_{2\mathrm{mm}}$为大于 2mm 砾石体积比（%）；$\mathrm{TN_c}$ 为土壤全氮含量（g/kg）。

由此，退牧还草工程下草地生态系统各组分的固碳量（ΔC，Mg/hm^2）即为工程内、外草地碳储量之差。

9.1.2 数据分析

由于调查所涉及样地的工程建设年限相对一致，因此并未考虑时间因素对退牧还草工程固碳量的影响。研究中涉及的相关生物环境因子包括经度、纬度、海拔、年降水、年均温度、土壤全氮变化、初始地上/地下生物量碳储量、初始土壤碳储量（表 9-1）。分类回归树模型（classification and regression tree，CART）被用来分析影响退牧还草工程下草地碳库变化的主要控制因子，该方法是一种二元递归分解方法，其不但能够模拟预测变量之间的相互作用，还能够识别对响应变量的变化具有显著贡献的变量（Geng et al.，2012）。结构方程模型（structural equation modelling，SEM）（Shipley，2002）是一种多变量统计方法，近年来被广泛用于生态学研究当中（Grace，2006；Shipley et al.，2006；Lamb，2008），其优势是能够探讨系统内多变量间的因果关系或依赖关系的强弱（王酉石和储诚进，2011）。研究主要应用通径分析的方法，通过路径图和直接效应（direct effect）与间接效应（indirect effect）来分析不同生物环境因子与退牧还草工程下草地碳储量变化间的关系及各相关变量间的内在逻辑联系。所有统计分析在 R 软件中进行（version 3.2.3）。

表 9-1 草地生态系统碳储量变化量及各生物环境因子的描述性统计

变量	样本量	均值	范围	样本量	均值	范围	样本量	均值	范围
经度/(°)	129	98.3	77.82～122.85	66	96.7	82.5～103.6	63	99.4	77.8～122.8
纬度/(°)	129	37.7	29.06～50.12	66	33.4	29.1～39.6	63	42.4	34.7～50.1
海拔/m	129	2738	172～4949	66	3994	2168～4949	63	1422	172～2974
年降水 MAP/mm	129	366.6	57.0～820	66	480	70.7～820.1	63	247.8	57.1～515.8
年均温 MAT/℃	129	2.5	−7.2～10.4	66	0.41	−7.2～8.0	63	4.7	−3.14～10.33
土壤全氮储量变化 ΔN/(Mg/hm²)	129	0.12	−0.04～0.28	66	0.14	0.02～0.28	63	0.1	−0.04～0.24

续表

变量	样本量	均值	范围	样本量	均值	范围	样本量	均值	范围
工程外土壤碳储量 SOCD/(Mg/hm^2)	129	58.98	2.2~154.1	66	69.62	11.7~154.1	63	47.83	2.2~138.7
工程外植被地上碳储量 AGBC/(Mg/hm^2)	129	0.32	0.05~0.88	66	0.36	0.06~0.88	63	0.28	0.05~0.82
工程外植被地下碳储量 BGBC/(Mg/hm^2)	129	2.79	0.11~9.38	66	3.10	0.56~9.38	63	2.46	0.11~4.79
植被地上碳储量变化 ΔAGBC/(Mg/hm^2)	129	0.1	-0.59~3.84	66	0.13	0.01~0.28	63	0.06	-0.06~0.28
植被地下碳储量变化 ΔBGBC/(Mg/hm^2)	129	0.92	-0.06~0.28	66	1.30	-0.18~3.14	63	0.53	-0.59~2.07
土壤碳储量变化 ΔSOC/(Mg/hm^2)	129	1.0	-0.23~2.94	66	1.19	0~2.94	63	0.8	-0.23~2.15

9.2 结果分析

9.2.1 碳储量变化与生物环境因子的关系

表 9-2 显示了退牧还草工程下草地生态系统不同组分碳储量变化量与各生物环境因子间的相关关系。就整个退牧还草工程区而言，除年均温度外，草地生态系统地上、地下及土壤碳储量变化量与不同因子间均呈显著正相关关系（$P<0.01$）。就高寒地区而言，除植被地上部分固碳量与工程外土壤碳储量间没有表现出明显的相关关系外，其他相关关系分析结果均为显著正相关（$P<0.01$）。就温带地区而言，植被地上部分固碳量与年均温度和工程外植被地下生物量间没有发现明显的相关关系，植被地下部分固碳量也与年均温度间无明显关系，土壤固碳量与年均温间呈显著负相关关系，除此之外，其余相关关系均表现为显著正相关。

表 9-2 不同变量之间的相关关系

变量		年降水 MAP /mm	年均温 MAT /℃	土壤全氮变化 ΔN /(Mg/hm²)	工程外植被地上碳储量 AGBC /(Mg/hm²)	工程外植被地下碳储量 BGBC /(Mg/hm²)	工程外土壤碳储量 SOCD /(Mg/hm²)	植被地上碳储量变化 ΔAGBC /(Mg/hm²)	植被地下碳储量变化 ΔBGBC /(Mg/hm²)	土壤碳储量变化 ΔSOC /(Mg/hm²)
退牧还草工程区	ΔAGBC	0.624 **	-0.33	0.544 **	0.485 **	0.354 **	0.291 **	1	0.594 **	0.567 **
	ΔBGBC	0.702 **	-0.197 *		0.634 **	0.621 **	0.481 **	0.594 **	1	0.613 **
	ΔSOCD	0.647 **	-0.134	0.429 **	0.526 **	0.452 **	0.510 **	0.567 **	0.613 **	1
高寒地区	ΔAGBC	0.558 **	0.441 **	0.450 **	0.451 **	0.369 **	0.222	1	0.478 **	0.458 **
	ΔBGBC	0.639 **	0.357 **	0.326 **	0.683 **	0.659 **	0.409 **	0.478 **	1	0.581
	ΔSOCD	0.636 **	0.373 **	0.715 **	0.508 **	0.430 **	0.481 **	0.458 **	0.581 **	1
温带地区	ΔAGBC	0.477 **	0.114	0.506 **	0.426 *	0.211	0.155	1	0.545 **	0.570 **
	ΔBGBC	0.483 **	-0.246	0.368 **	0.473 **	0.491 **	0.408 **	0.545 **	1	0.534 **
	ΔSOCD	0.637 **	-0.268 *	0.709 **	0.469 **	0.418 **	0.437 **	0.570 **	0.534 **	1

注：* 表示在 0.01 水平显著，** 表示在 0.05 水平显著

9.2.2 基于分类回归树模型的草地固碳关键影响因子识别

图 9-2 ~ 图 9-7 展示了基于不同区域的最优分类回归树模型。可以看到，就整个退牧还草区域而言，植被地上部分固碳量主要受到年降水和土壤全氮变化的影响，地下部分固碳量主要受到年降水和初始地下生物量碳储量的影响（图 9-2），影响土壤固碳量的首要因子是土壤全氮变化，其次为年降水和地下生物量碳储量变化（图 9-3）。就高寒地区而言，植被地上部分固碳量主要受到气候因子（年均温和年降水）的影响，地下部分固碳量与年降水和初始地下部分碳储量紧密相关（图 9-4），土壤固碳量主要受到年降水和土壤全氮变化的影响（图 9-5）。就温带地区而言，植被地上部分固碳量受到降水和土壤全氮储量的变化的影响显著，地下部分固碳量受年降水量、初始地下部分碳储量及地上部分固碳量的影响（图 9-6），而土壤固碳量主要受到土壤全氮变化量、年降水和年均温度的影响（图 9-7）。

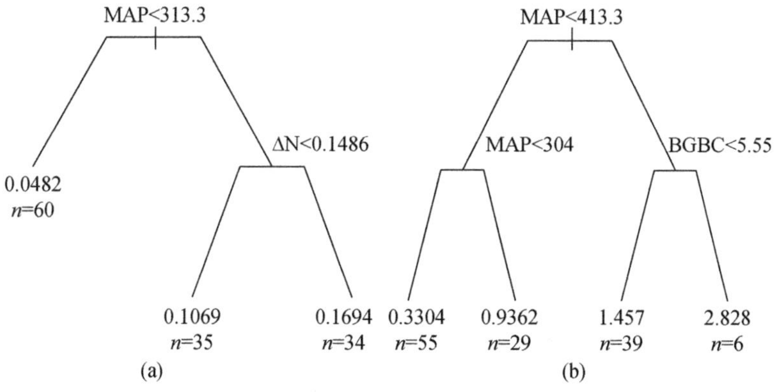

图 9-2 中国北方草地植被地上（a）和地下（b）部分固碳量与各因子间关系的分类回归树分析结果

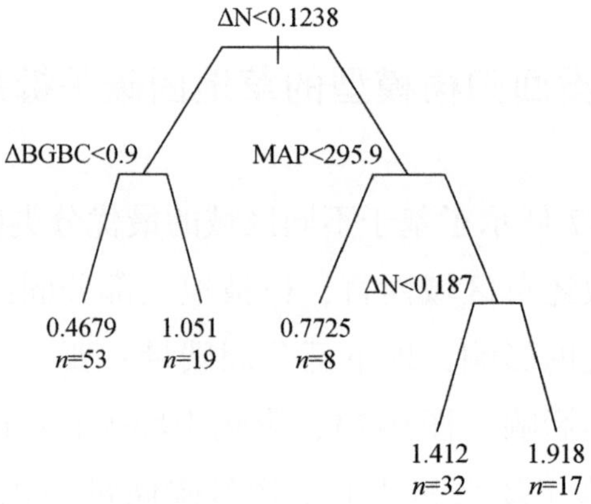

图 9-3　中国北方草地土壤固碳量与各因子间关系的分类回归树分析结果

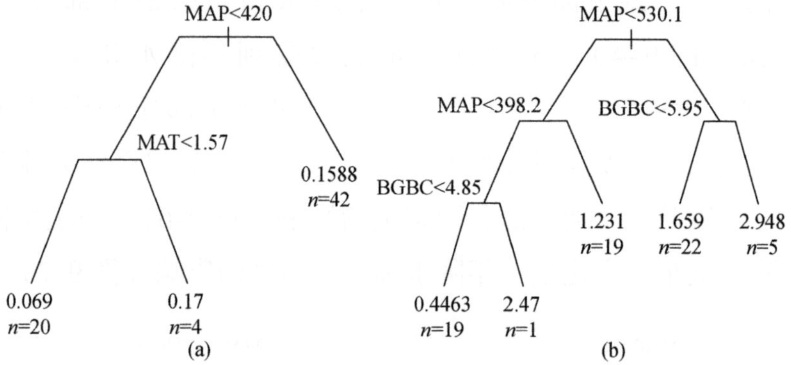

图 9-4　高寒地区草地植被地上（a）和地下（b）部分固碳量
与各因子间关系的分类回归树分析结果

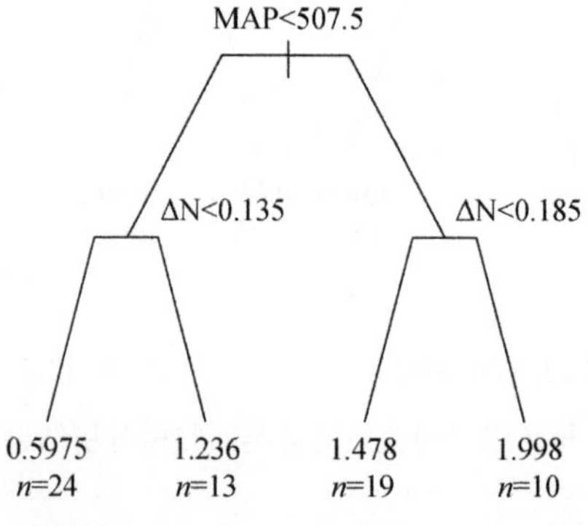

图 9-5　高寒地区草地土壤固碳量与各因子间关系的分类回归树分析结果

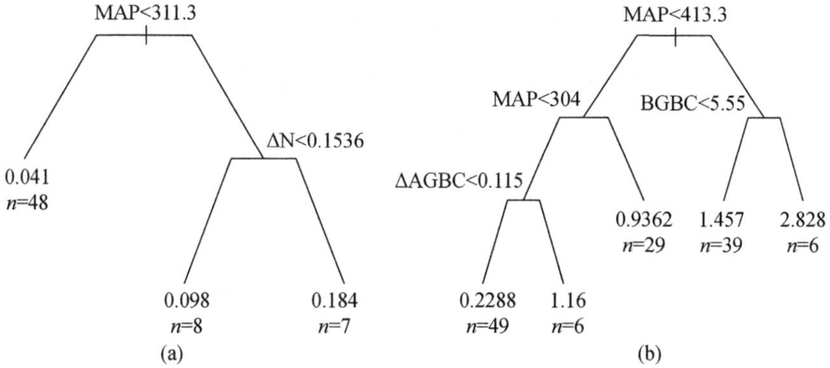

图 9-6　温带地区草地植被地上（a）和地下（b）部分固碳量与各因子间关系的分类回归树分析结果

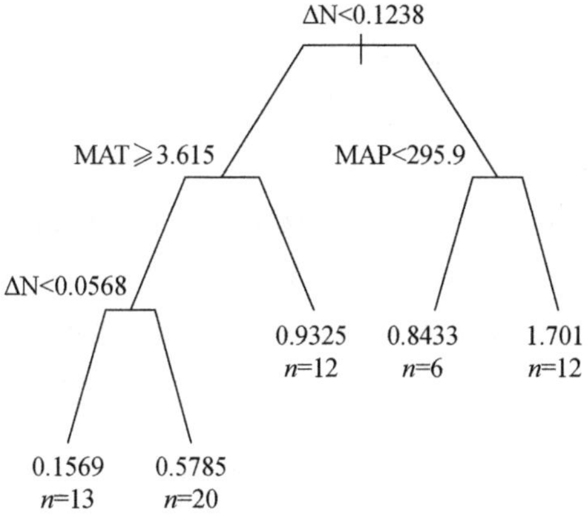

图 9-7　温带地区草地土壤固碳量与各因子间关系的分类回归树分析结果

9.2.3　结构方程模型模拟结果

如图 9-8 所示，在整个退牧还草工程区域，年降水量和土壤全氮变化显著提高了植被地上部分固碳量，其直接效应分别为 0.47 和 0.31；植被地下部分受地上部分固碳量、年降水和初始地下碳储量的影响（直接效应）；在所有因子中，土壤全氮变化量、年降水和地下部分固碳量对土壤固碳量具有极显著的正效应，植被地上部分固碳量通过地下部分固碳量间接影响土壤固碳量。在高寒地区（图 9-9），不

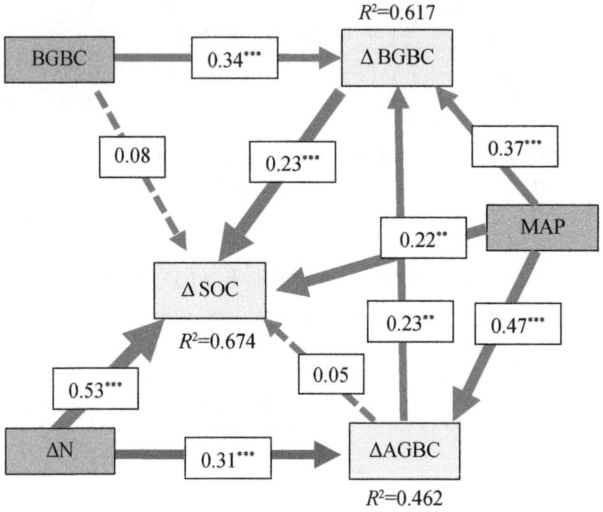

图 9-8　基于整个工程区域的结构方程模型分析结果

注：实线表示直接效应，虚线表示间接效应，方框内数字表示效应值的大小。∗∗∗ 表示在 0.001 水平显著，∗∗ 表示在 0.01 水平显著，∗ 表示在 0.05 水平显著。下同

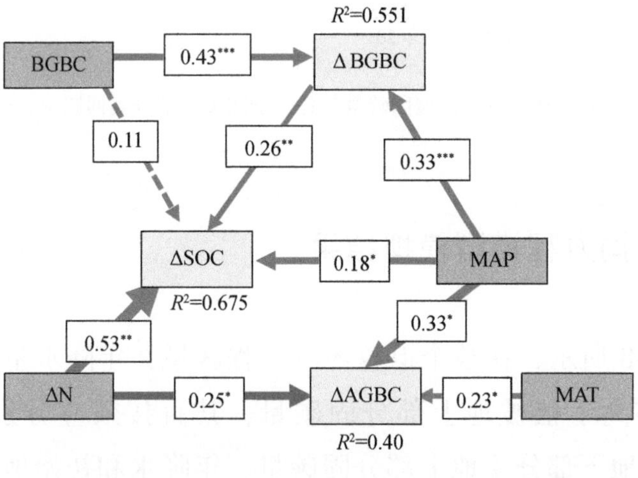

图 9-9　基于高寒地区的结构方程模型分析结果

同因子对草地固碳量影响的直接效应和间接效应与整个工程区的格局较为相似，年降水量（直接效应，0.33）和年均温（直接效应，0.23）对地上部分固碳量具有显著正效应（$P<0.01$）。在温带地区（图 9-10），年降水量的提高显著增加草地生态系统各组分固碳量（直接效应），土壤全氮变化量和地下部分固碳量对土壤固碳量具有显著正效应（直接效应），但年均温度增加会显著降低土壤固碳量（直接效应，-0.13）。

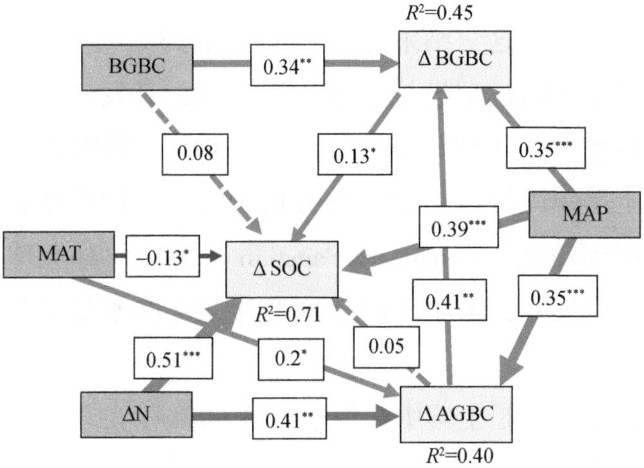

图 9-10　基于温带地区的结构方程模型分析结果

9.3 讨　　论

草地生态系统的碳动态取决于植物光合作用固定的碳和由于牲畜采食、土壤侵蚀、土壤呼吸等作用流失的碳之间的平衡关系。退牧还草工程的实施改变了不合理的草地利用方式，有效地恢复了草地植被生产力和土壤碳储量。结果表明土壤氮储量变化和年降水量是直接影响退牧还草工程下草地碳固持效应的两大重要因子。

草地生态系统主要分布在干旱和半干旱地区，普遍的观点认为其主要受到水分和氮素的共同限制（Lee et al., 2010）。大量研究表明，年降水量是控制草地植被初级生产力的关键因子之一（Huxman et al., 2004；马文红等，2010；Hu et al., 2015），降水量较高的地区通常具有较高的草地碳储量（Yang et al., 2010a）。研究结果表明降水量直接影响草地植被及土壤碳固定，较高的降水条件能够增强工程措施下草地生态系统的固碳潜力。这可能是由于湿润地区的植物生产力恢复比干旱地区更快，且微生物活动也更为频繁和活跃（Raich and Schlesinger, 1992）。这一结果与 Feng 等（2013）对黄土高原地区退耕还林工程固碳潜力的模型模拟结果较为一致，其发现水分条件是限制工程措施固碳效率的主要因子。Hu 等（2015）利用文献资料对草原禁牧围栏的土壤碳固持格局的综合分析也表明，围栏禁牧在湿润地区具有更高的固碳速率。Conant 和 Paustian（2002）对全球退化草地固碳潜力的研究也发现，土壤碳的年度变化与年降水量呈显著的正相关关系。

无论是在植物还是土壤中，氮碳元素间都存在紧密的化学计量关系，陆地生态系统碳固定需要足够的氮素供给（Hungate et al., 2003；Luo et al., 2006）。方程模型结果表明，土壤氮储量的变化对草地碳储量增量具有显著的正效应，在所有因子中，其直接效应最大。Wang（2011）综合分析我国北方草地不同管理措施的土壤固碳速率，发现土壤碳储量的年均变化量随土壤氮含量的增加而显著增加。Hu 等（2015）对围栏封育措施下草地土壤固碳速率的研究也表明，固碳速率与土壤氮含量变化速率间呈显著的正相关关系，而在禁牧 6 ~ 15 年时间段，土壤氮含量变化速率对土壤固碳速率影响的贡献率大于年降水量。这都说明土壤氮含量增加对于草地生态系统碳固持的重要支撑意义，考虑到本研究涉及的工程措施在 6 ~ 9 年时间段，因此长期来看，土壤氮素的亏缺有可能会成为草地生态系统固碳效应持续发挥的限制因子。

研究发现，在温带地区，年均温度对土壤固碳具有直接的负效应。这可能是因为较高的温度会抑制植物光合速率，或是高温加速了微生物分解（Burke et al., 1989），此外，较高的温度会增加地表蒸散，可能加剧干旱程度从而减低植物生产力（Epstein et al., 1997; Yang et al., 2009）。以上这些可能后果都不利于草地土壤潜力的发挥。虽然对高寒地区的分析中，年均温度没有进入模型，但相关性分析结果表明年均温与土壤固碳量间存在显著的正相关关系，这与温带地区的结果刚好相反。一个可能的解释是，高寒地区温度升高促进了植物生长（Callesen et al., 2003; Yang et al., 2008），进而对草地生态系统碳固持产生积极的影响。

土壤有机碳积累主要来源于植被凋落物分解和根系分泌物及根系周转（Zhou et al., 2007; Wu et al., 2010），不少研究表明具有发达根系的植被群落能够储存更多的碳到土壤系统之中（Reeder et al., 2004; Shrestha and Stahl, 2008）。研究结果表明植被地下部分固碳量与土壤固碳量密切相关，地下部分碳储量的增加对土壤固碳量具有直接的正效应，这意味着根系生物量增加对于土壤固碳效应的提高具有更为直接的意义。

就增加草地碳汇、减缓气候变化的角度而言，研究结果预示着在湿润地区进行退牧还草工程建设可能具有更高的固碳效率。在内蒙古、青藏高原东缘等水分条件较好的区域，实施围栏建设具有较高的固碳增汇潜力。在温带及青藏高原西北部干旱或半干旱地区，进行人工草地建设可能更有效率，同时应当辅助以施肥措施以增强草地的固碳效益。

第10章 不同管理措施下草地土壤固碳动态格局

在草地生态系统中，绝大部分的碳储存于土壤之中（Scurlock and Hall，1998），土壤有机碳在维系土壤养分循环和植物生长、提高团聚体稳定性、降低土壤侵蚀、增加阳离子交换量以及土壤持水能力等方面都扮演了重要角色，因此，维持较高水平草地土壤有机碳库对草地的永续利用极为关键（Conant et al.，2001）。据估计，全球草地有机碳库约占陆地碳库总量的12%左右（Schlesinger，1997），这意味着即使草地土壤碳库发生轻微的变化也可能极大地影响大气CO_2浓度，进而对区域甚至全球气候变化产生重大影响（Schimel et al.，1990；Derner et al.，2006）。大量研究表明，土壤有机碳受人为管理活动的剧烈影响（Conant et al.，2001）。例如，天然草地的开垦，过度放牧以及各种高强度、粗放的草地利用方式都会导致土壤有机碳流失（Milchunas and Lauenroth，1993；Guo and Gifford，2002；Lal，2002，2004）。反过来，实施改进的（improved）、可持续（sustainable）的草地管理措施，诸如人工补播牧草、围栏放牧管理、灌溉以及施肥等，也能够有效提高草地生态系统土壤碳含量（Paustian et al.，1997b；Conant et al.，2001；Lal，2004；Wang et al.，2011）。

近年来，在我国，大量的基于样点尺度的研究（Su，2003；Zhao et al.，2005；Chen et al.，2007；Steffens et al.，2008；Shang et al.，2008；Wu et al.，2010）报道了不同管理措施下草地土壤碳库的变化特征。例如，郭然等（2008）基于少量的国内长期定位实验的数据，综合评价了我国草地土壤生态系统的固碳潜力。石峰等（2009）使用 Meta 分析方法分析了不同管理措施对我国草地土壤有机碳库的影响。Wang 等（2011）较为系统地估算了我国草地碳库的不同土地利用变化及管理措施下土壤碳库的变化。然而，对于不同管理措施下土壤有机碳库变化时间格局的研究却较为缺乏。由于生物、环境因子的差异，不同区域实施工程措施后土壤碳库变化规律及其达到平衡的时间可能存在一定差异。因此，阐明不同草地管理/工程措施下土壤碳动态规律的区域分异，有益于探究适应于不同退化现状的草地管理模式，并为提出增强草地固碳潜力的适应性工程措施提供科学参考。

10.1 数据和方法

10.1.1 数据收集及整理

通过中国知网（CNKI）和 ISI web of Science 两大数据库进行文献检索，收集 2015 年以前发表的有关人工草地建设和围栏管理对中国北方地区草地土壤碳含量及密度影响的文献及学位论文。初步的检索收集了 500 余篇相关文献，管理措施包括耕地建植人工草地、放牧地建植人工草地、沙地建植人工草地和围栏禁/休牧管理四大类型。由于研究重点关注各类管理措施实施后土壤碳的动态变化规律，因此仅纳入时间序列的成对对比实验研究结果；对于报道同一地点成对实验研究结果的文献，将持续时间最长的文献数据纳入数据库中。经筛选，本数据库共收集 88 篇经同行评议的文献和学位论文，其中耕地建植人工草地，19 篇；放牧地建植人工草地，14 篇；沙地建植人工草地，7 篇；草原围栏建设，48 篇（表 10-1）。本数据库中，耕地建植人工草地主要发生在温带草地区域特别是黄土丘陵区，实验研究的最长持续年限为30年，平均时长约为8年。放牧地建植人工草地涵盖了温带和高寒两大区域，实验研究平均时长约为5年，但温带地区实验研究的最长年限仅为5年，高寒地区最长观测年限为28年。沙地建植人工草地主要位于温带地区，实验研究持续时间较长，平均年限约为20年，最长为48年。草原围栏建设涵盖范围十分广泛，涵盖了我国北方草地大部分区域，实验研究的平均时长约为14年，最长年限为31年。

表10-1　文献数量及观测值基本概况

管理措施	文献数	观测数	年限/a			深度/cm		
			平均	最小	最大	平均	最小	最大
耕地建植人工草地	19	144	8	1	30	39	5	200
放牧地建植人工草地	14	77	5	1	28	20	5	30
沙地建植人工草地	7	55	20	3	48	14	5	30
草原围栏建设	48	416	14	1	31	28	2.5	100

本数据库中大部分文献报道了土壤碳含量数据，但缺乏土壤容重信息，由于研究主要关注草地管理措施的固碳格局及其时间动态，因此直接使用土壤碳含量（g/kg）进行分析。耕地建植人工草地的144个观测值中报道土壤碳含量和碳密度的数据分别占54%和56%，则分别对两者进行统计分析。为阐明管理措施下土壤碳含量及固碳速率变化格局，将观测值按不同深度进行分组：0～10cm，10～20cm，20～30cm，30～50cm，>50cm。由于不同管理措施相关研究持续时长存在差异，对于耕地建植人工草地，将管理年限分为以下5组：0～5年，5～10年，10～15年，15～20年，20～25年，25～30年。对于放牧地建植人工草地，分为以下4组：0～3年，4～6年，7～10年和>20年。

10.1.2　数据计算及分析

本数据库中土壤碳含量数据单位全部转换统一为g/kg，土壤碳密

度数据统一为 Mg/hm^2。根据搜集的成对实验研究结果，土壤碳含量变化（固碳量）即实施管理措施草地的土壤碳含量与原利用方式下草地土壤碳含量之差，土壤固碳速率为土壤碳含量变化除以管理措施的持续年限。计算公式如下：

$$\Delta SOC = SOC_{management} - SOC_{initial} \tag{10-1}$$

$$CSR = \Delta SOC / T \tag{10-2}$$

式中，ΔSOC 为土壤碳含量变化（g/kg）；$SOC_{management}$ 为实施了管理措施草地的土壤碳含量（g/kg）；$SOC_{initial}$ 为原利用方式下对照草地的土壤碳含量（g/kg）；CSR 为土壤固碳速率［g/(kg · a)］；T 为管理措施的持续年限（a）。

对不同管理措施下的草地土壤固碳速率进行高斯拟合，检验数据正态性。用配对 t 检验分析草地管理措施实施后土壤碳含量是否存在显著性变化。单因素 ANOVA 分析管理措施后不同深度和不同年限间土壤固碳量及固碳速率的差异。实施新的管理措施后，土壤固碳速率通常呈非线性变化（West and Post，2002），因此对土壤固碳速率与管理措施持续年限进行非线性回归分析。

10.2 结果分析

10.2.1 人工草地建设的土壤固碳动态变化

10.2.1.1 耕地转变为人工草地

研究数据库中，关于耕地转变为人工草地的实验研究样点均分布在温带地区。对观测值的高斯拟合分布表明，土壤碳含量和碳密度变化速率均服从正态分布［图 10-1（a），（c）］。t 检验结果表明，人工草地的土壤碳含量及碳密度显著高于耕地（$P<0.001$）。总体上，耕地建植人工草地后，土壤碳含量平均变化速率约为 0.40g/(kg · a)，土壤碳密度平均变化速率约为 0.29Mg/(hm^2 · a) [图 10-1 (a)，(c)]。在所有 144 个观测值中，超过 80%（117 个观测值）为正效应结果 [图 10-1 (b)，(d)]。

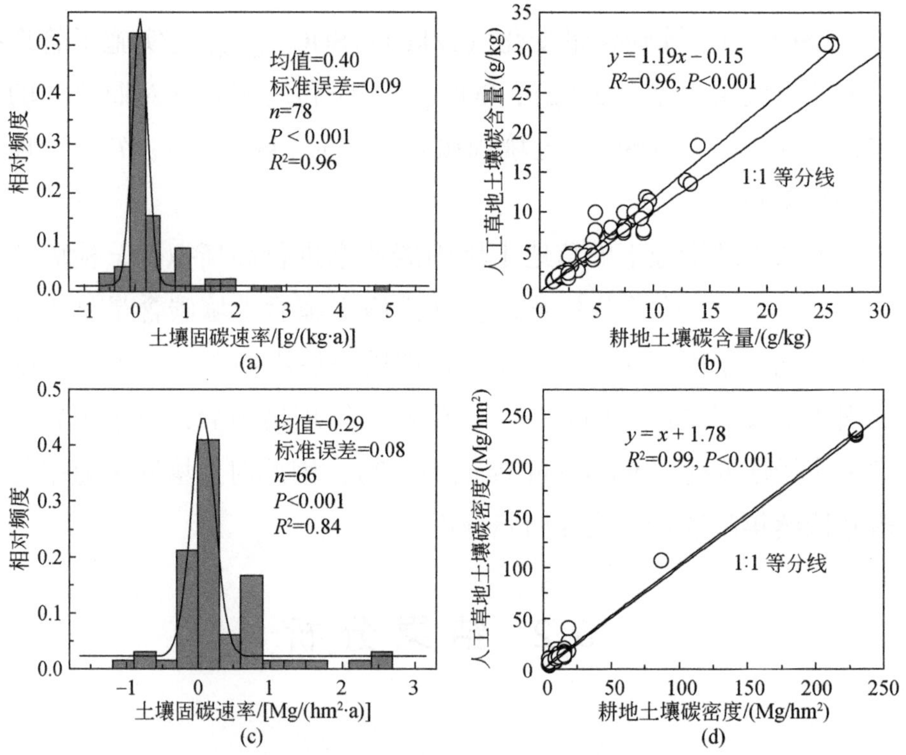

图 10-1　耕地转变为人工草地后土壤固碳速率的频度分布（a，c）以及耕地与人工草地的土壤碳含量（b）和碳密度（d）

注：(a)、(c) 中曲线为高斯拟合结果，(b)、(d) 中位于 1 : 1 等分线上的数据点表示在耕地进行人工草地建设对土壤碳影响为正效应，反之则为负效应

各层次土壤碳含量对人工草地建设的响应并不一致，配对 t 检验结果表明，耕地转变为人工草地后，0 ~ 10cm 深度土壤碳含量增加极为显著（$P<0.001$），10 ~ 30cm 深度土壤碳含量也显著增加（$P<$

0.05)，但更深层（30～50cm）的土壤碳含量变化并不明显（P=0.34）[图 10-2（a）]。就不同深度的土壤固碳速率而言，10～20cm土层固碳速率最高，均值约为 0.54g/(kg·a)，其余土层从大至小依次为0～10cm，0.24Mg/(hm^2·a)；20～30cm，0.23Mg/(hm^2·a)；30～50cm，0.13Mg/(hm^2·a)。但 ANOVA 分析结果表明，不同深度分组土壤固碳速率的组间差异不显著（P=0.57）[图 10-2（b）]，这可能是由于观测值变异较大所致。

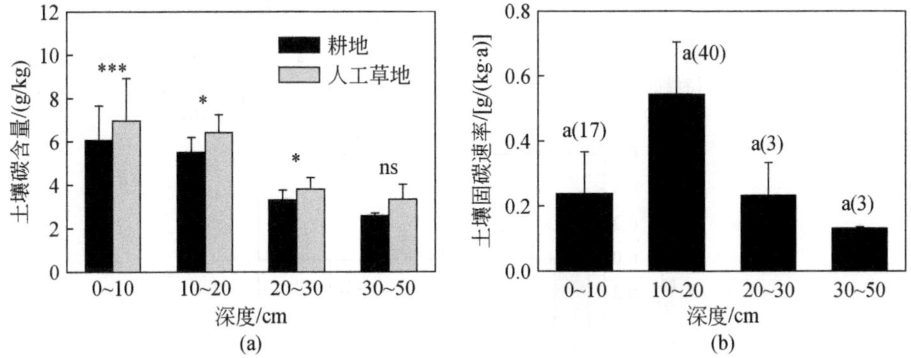

图 10-2　耕地与人工草地不同深度土壤碳含量（a）及建设人工草地后不同深度的土壤固碳速率（b）

注：*** 表示在 0.001 水平上差异性显著，* 表示在 0.05 水平上差异性显著，ns 表示差异性不显著。相同字母表示在 0.05 水平上差异性不显著，括号中数字为各深度分组的观测值数量。误差棒表示 1 个标准误差

实验样点主要集中于温带黄土高原地区，图 10-3 展示了该地区不同典型区域耕地转变为人工草地后土壤固碳速率的动态变化。非线性拟合结果表明，在甘肃东北部温带草地区域，土壤固碳速率随人工草地建设年限的增加而降低，两者曲线衰减函数可以很好地拟合（R^2=0.56，P<0.001），但该地区实验研究的最长年限为 10 年[图 10-3（a）]。在陕西北部温带草地区域，土壤固碳速率也随人工草地建植年限的增加而呈曲线衰减趋势（R^2=0.27，P<0.05）[图 10-3（b）]。在宁夏中温带草地区，在最初的 0～5 年，土壤固碳速率为负值，说明

该时间段内土壤碳密度有所降低，而随后 15 年间（5～20 年），土壤碳密度显著增加，平均固碳速率约为 0.11Mg/(hm^2 · a)，但 20～25 年时间段土壤碳密度明显减少，随后 5 年间又持续增加［图 10-3（c）］。

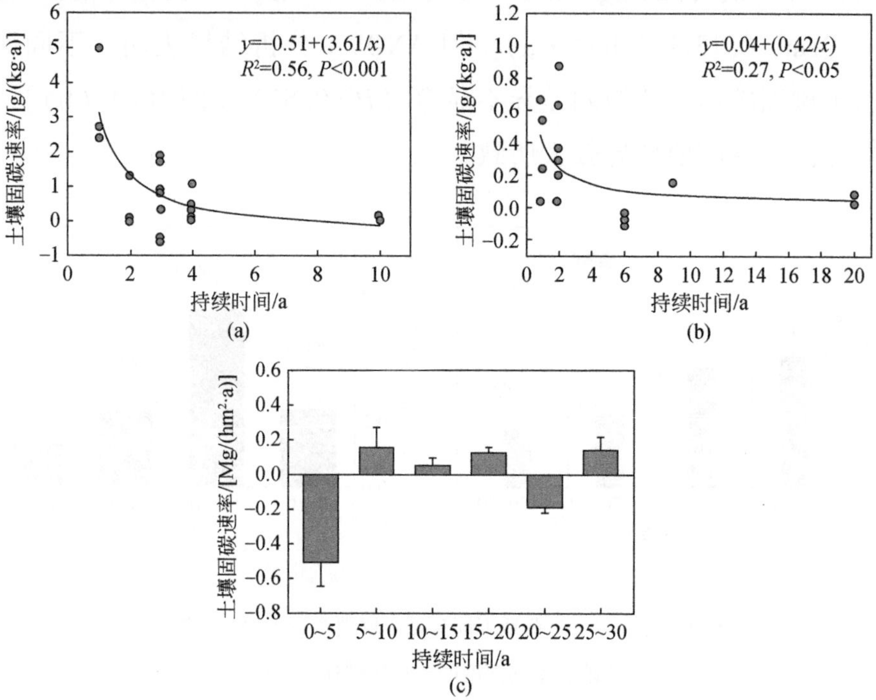

图 10-3　温带不同典型区域耕地建植人工草地后土壤固碳速率动态变化

（a）甘肃东北部；（b）陕西北部；（c）宁夏

10.2.1.2　放牧地建植人工草地

放牧地建植为人工草地后，土壤固碳速率变异程度较大，观测值总体上呈正态分布（$P<0.001$）。草地土壤平均固碳速率约为 0.56g/(kg · a)。所有 77 个观测值中，约 74% 的观测值（57 个）显示建植人工草地增加了土壤碳含量，而报道碳含量降低的结果为 20 个［图 10-4（a）］。

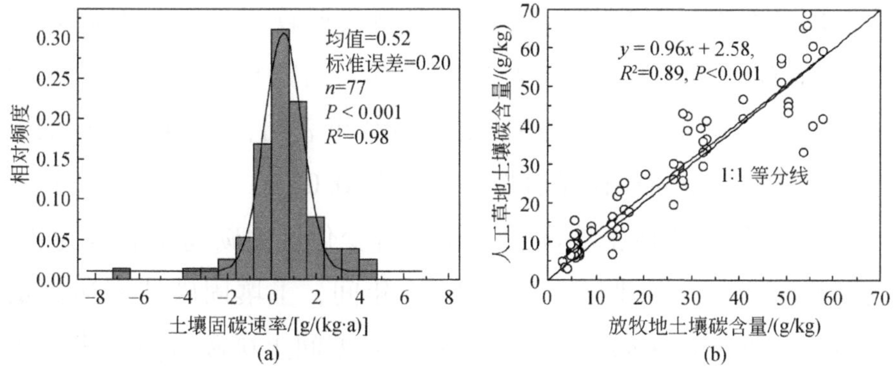

图 10-4　放牧地建植人工草地后土壤固碳速率的频度分布（a）及放牧地与人工草地的土壤碳含量（b）

注：（a）曲线为高斯拟合结果，（b）位于 1∶1 等分线上的数据点表示在放牧地进行人工草地建设会增加土壤碳含量，位于等分线下则会减少

放牧地建植人工草地后，不同深度土壤碳含量变化表现出不同的特征。0～10cm 和 10～20cm 深度土壤碳含量显著增加，20～30cm 土壤碳含量呈下降趋势但统计检验结果不显著［图 10-5（a）］。ANOVA 结果表明，不同深度土层固碳量及固碳速率组间差异显著（$P<0.05$），0～10cm 和 10～20cm 土壤固碳量和固碳速率均显著高于 20～30cm 土层［图 10-5（b）］。

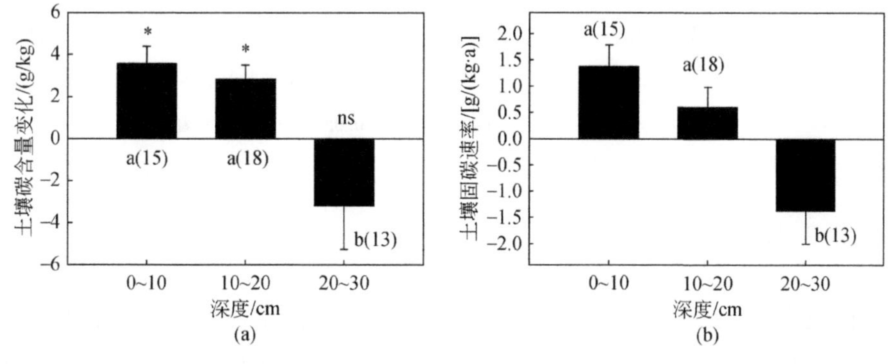

图 10-5　高寒地区退化放牧地建植人工草地后不同深度土壤碳含量变化（a）及固碳速率（b）

注：* 表示在 0.05 水平上差异性显著，ns 表示差异性不显著。不同字母表示在 0.05 水平上差异显著，括号中数字为各深度分组的观测值数量。误差棒表示 1 个标准误差

本数据库中，温带地区的长期观测数据较为缺乏，对高寒地区（主要涵盖青海三江源和青藏高原东缘甘肃高寒草甸区）放牧地建植人工草地后土壤固碳量动态特征的分析结果表明，不同建植年限人工草地的土壤固碳量间存在显著性差异（$P<0.05$）。如图 10-6 所示，在最初的 1～3 年，草地土壤碳含量无显著变化，固碳速率表现为负值，但变异范围较大；在建植草种的 4～6 年间，土壤固碳速率达到最高值，约为 0.9g/(kg·a)；随后的 7～10 年期间土壤碳含量也表现为显著增加，但是，当人工草地的建植期超过 20 年后，其土壤碳储量显著低于放牧草地，说明长期的人工草地建设并不利于草地土壤碳固定。

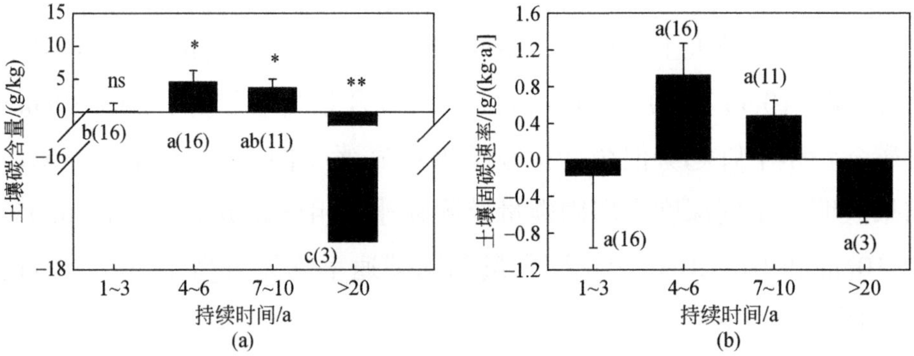

图 10-6　高寒地区放牧地建植人工草地后土壤碳含量变化（a）及固碳速率（b）的时间动态

注：** 表示在 0.01 水平上差异性显著，* 表示在 0.05 水平上差异性显著，ns 表示差异性不显著。不同字母表示在 0.05 水平上差异显著

10.2.1.3　沙丘建植人工草地

在退化沙化草地上进行人工草地建设后，土壤碳含量显著增加，土壤平均固碳速率约为 0.09g/(kg·a)，变异范围在 0.003～0.24g/(kg·a)［图 10-7（a）］，所有观测值均表明建植人工草地增加了土壤碳含量［图 10-7（b）］。

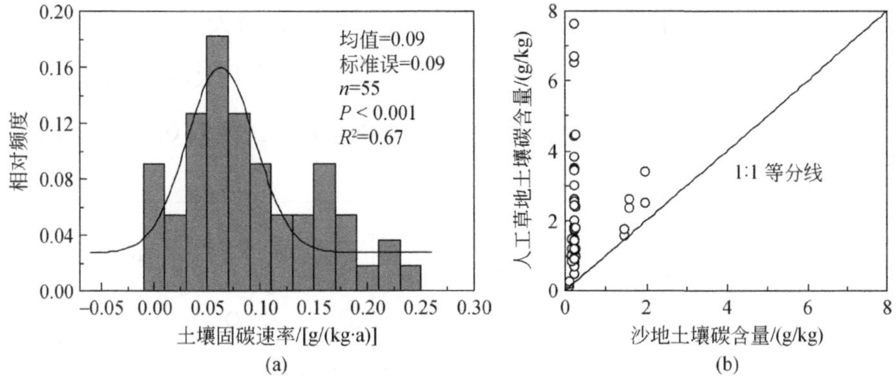

图 10-7　沙地建植人工草地后土壤固碳速率的频度分布（a）及沙地与人工草地土壤碳含量（b）

注：（a）中曲线为高斯拟合结果，（b）中位于 1∶1 等分线上的数据点表示在沙地进行人工草地建设会增加土壤碳含量，位于等分线下则表示会减少

配对 t 检验结果表明，沙地建植人工草地后，0～10cm 和 10～20cm 深度土壤碳含量增加极为显著（$P<0.001$），但 20～30cm 深度土壤碳含量变化不明显（$P=0.35$）。ANOVA 结果表明，0～10cm 深度土壤固碳量显著高于 20～30cm，土壤固碳速率随土层深度的增加而显著降低（$P<0.001$）（图 10-8）。

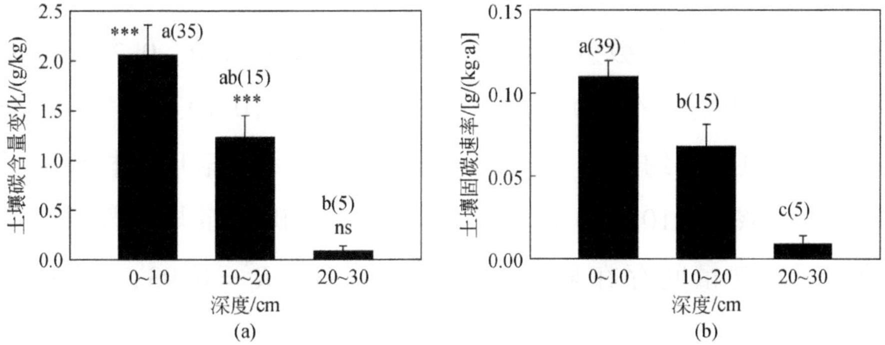

图 10-8　沙地建植人工草地后不同深度土壤碳含量变化（a）及固碳速率（b）

注：*** 表示在 0.001 水平上差异性显著，ns 表示差异性不显著。不同字母表示在 0.05 水平上差异显著，括号中数字为各深度分组的观测值数量。误差棒表示 1 个标准误差

人工草地的建植时间对土壤固碳量及固碳速率具有显著影响，土

壤碳含量与人工草地建植年限间呈显著的线性正相关关系（$R^2=0.41$，$P<0.001$），但是与之相反，土壤固碳速率随建植年限的增加而逐渐降低，两者能用曲线衰减函数较好地拟合（$R^2=0.18$，$P<0.01$）（图 10-9）。

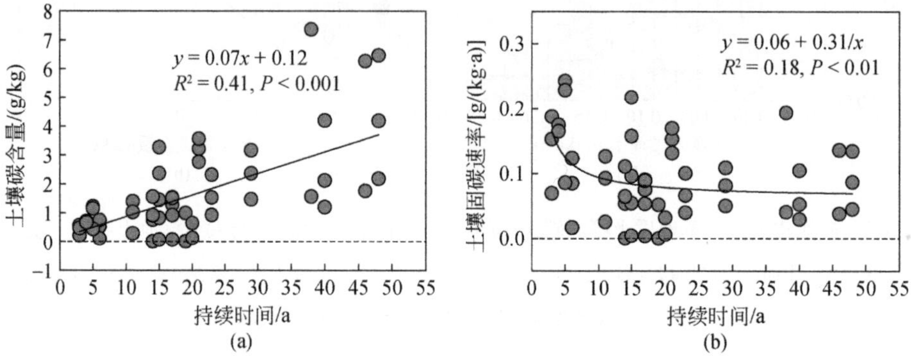

图 10-9　沙地建植人工草地后土壤固碳量（a）及固碳速率（b）动态变化

10.2.2　围栏管理下草地土壤固碳速率动态变化特征

在退化放牧草地上进行围栏管理后，土壤固碳速率的变异幅度较大，绝大部分（占总数量的 42%）的数值点集中于 0～0.2g/(kg・a) 区间，平均固碳速率约为 0.53g/(kg・a)［图 10-10（a）］。在全部 416 对观测值中，约 92%（385 对观测值）的结果表明围栏增加了土壤碳含量［图 10-10（b）］，放牧草地的土壤碳含量与进行围栏管理草地土壤碳含量间存在显著的正相关关系（$R^2=0.93$，$P<0.001$）［图 10-10（b）］。

在温带地区，配对 t 检验结果表明，围栏管理后各深度土层碳含量均显著增加。ANOVA 结果表明，不同深度土壤碳含量增量（$P<0.001$）和固碳速率的组间差异显著（$P<0.05$），浅层土壤（30cm 以上）碳含量的增量显著高于深层（>30cm），0～10cm 深度土壤固碳速

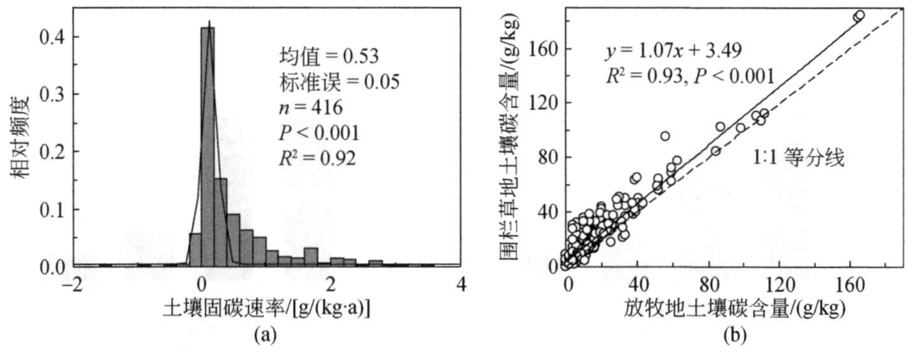

图 10-10　围栏管理下土壤固碳速率的频度分布（a）及放牧地与围栏草地土壤碳含量（b）

注：（a）中曲线为高斯拟合结果，（b）中位于 1：1 等分线上的数据点表示围栏管理会增加土壤碳含量，位于等分线下则表示会减少

率显著高于 30cm 以下深度固碳速率（图 10-11）。在高寒地区，围栏管理后，浅层土壤（30cm 以上）土壤碳含量显著增加（$P<0.05$），但 30cm 以下土层碳含量缺乏显著性变化（$P=0.06$）；ANOVA 结果表明，20cm 以上土层土壤碳含量增量显著高于 20cm 以下深度（$P<0.05$）（图 10-12）。

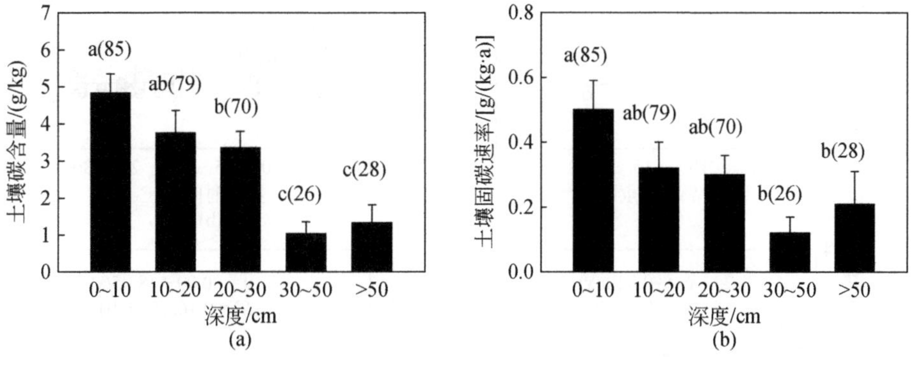

图 10-11　围栏管理下温带草地不同深度土壤碳含量（a）及固碳速率（b）变化

注：不同小写字母表示差异显著，下同

本研究数据库中，围栏 vs. 放牧实验研究的观测时间最长为 31 年（表 10-1），在 1 ~ 30 年的时间尺度上，线性拟合结果表明，在我国北方草地不同区域进行围栏管理，土壤固碳速率均随围栏持续时间的增

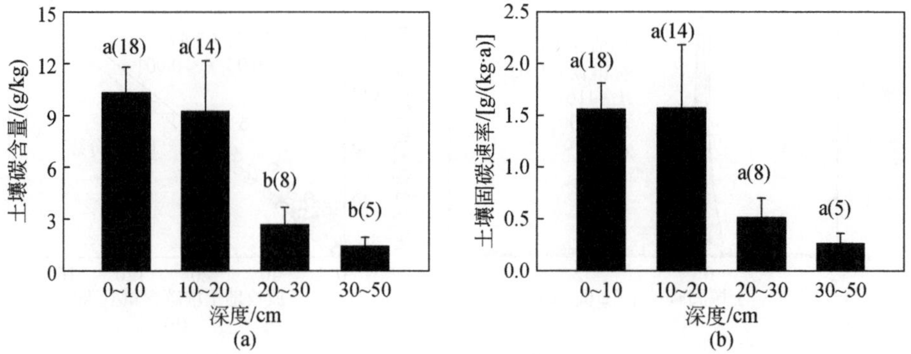

图 10-12　围栏管理下高寒草地不同深度土壤碳含量（a）及固碳速率（b）变化

加而呈降低趋势。在新疆草地区域和宁夏中温带草地区域，土壤固碳速率随围栏年限增加显著降低，两者能够用对数函数较好地进行拟合；在内蒙古温带草地区域和青藏高原高寒草地区域，土壤固碳速率随围栏年限呈曲线衰减（图 10-13）。

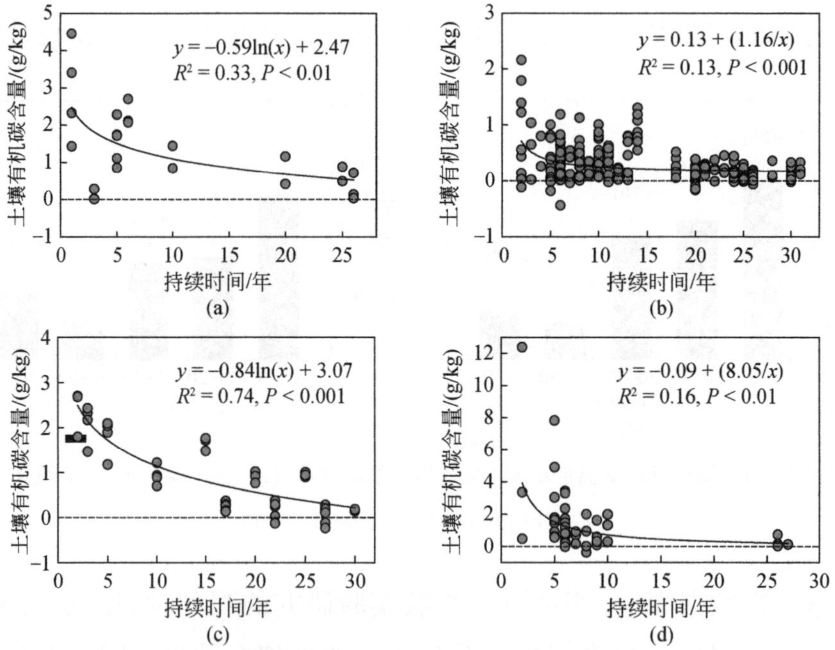

图 10-13　围栏管理下我国北方草地不同区域土壤固碳速率动态变化

10.3 讨　　论

10.3.1 不同草地管理措施对土壤碳库的影响

本研究基于成对实验研究数据分析了我国北方草地不同管理措施下土壤碳库变化格局，结果表明在环境脆弱且易受侵蚀的退化土地（耕地、退化放牧地和沙地）上建植人工草地以及进行草原围栏管理，均能够显著增加土壤有机碳含量。这与其他学者基于全球（Conant et al.，2001；Guo and Gifford，2002）和区域尺度（石峰等，2009；Wang et al.，2011）的整合分析结果相一致。通常情况下，土壤有机碳库的变化取决于植物残体、枯落物及根系周转等带来的碳输入和土壤侵蚀及风化、土壤呼吸等形式的碳输出之间的平衡关系（Zhou et al.，2007；De Deyn et al.，2008；Brown and Huggins，2012）。就人工草地建设来讲，土壤碳库的显著增加可能主要由以下两方面机制导致：首先，通过播种牧草的方式建植人工草地增加了植被生产力，改变了凋落物的数量和质量（Deng et al.，2014b），从而提高了土壤外源碳输入（Smith，2008）；其次，地表植被覆盖度的增加减缓了因土壤侵蚀及微生物分解造成的有机碳流失（Post and Kwon，2000；Lal，2002；Wu et al.，2003）。对于围栏工程措施而言，草原围栏消除了过度放牧干扰，为植物体的繁殖更新提供了空间（Su et al.，2005；Pei et al.，2006），在增加草地生态系统净生产力同时减少了由于牲畜采食而引起的碳输出（Wu et al.，2010；Deng et al.，2014b）。此外，排除大型牲畜的长期踩踏，有益于草地植被盖度和土壤物理结构的恢复（Mekuria et al.，2007），增强了土壤碳稳定性，从而降低了因土壤风蚀以及有机质分解导致的碳流失（Hu et al.，2015）。

Conant 等（2001）总结了全球范围内不同草地管理措施对土壤碳库的影响，发现改良的管理措施所导致的固碳效应在土壤表层（0～10cm）最为显著且随土层深度的增加而呈曲线衰减。Wang 等（2011）基于我国实验研究结果的分析也发现了相似的规律，其结果表明围栏禁牧、建植人工草地等管理措施主要增加了 30cm 以上土层的有机碳储量。也有研究表明，将天然草地开垦成为农田后，流失的土壤有机碳也主要发生于表层 30cm 部分（Wang et al., 1999）。研究的结果与上述学者较为一致。在耕地建植人工草地或是对退化草地进行围栏管理后，仅 30cm 以上表层土壤碳库显著增加而更深层的土壤碳库无明显变化。对于沙地（沙丘）建植人工草地而言，土壤有机碳的增加也主要位于浅层土壤（0～20cm）。在高寒退化放牧地上建植人工草地后，表层碳含量显著增加但 20cm 以下土层碳含量呈下降趋势，这可能是由于该地区主要以种植根系致密但分布较浅的垂直披碱草为主（王长庭等，2007；魏学红等，2010）。由此可见，草地表层的土壤碳汇极为不稳定，易受到管理活动或土地利用方式转变的影响而产生显著变化。

10.3.2 不同草地管理措施下土壤碳固持的时间格局

时间因素被普遍认为是影响人为管理活动实施后生态系统土壤碳储量变化的重要因子之一（Conant et al., 2001；Nave et al., 2011；Deng et al., 2014b；Hu et al., 2015），诸多研究都表明土壤有机碳累积速率随时间呈非线性变化（Wang et al., 2011）。研究结果也表明，在我国北方草地，不同管理措施下土壤固碳速率随持续时间的增加呈显著非线性变化，其变化规律也表现出一定的区域分异特征。

10.3.2.1 耕地建植人工草地

耕地建植人工草地后土壤有机碳的增加速率和最终达到稳定水平的时间主要与植被生产力水平、群落结构、土壤养分条件等密切相关（Burke et al.，1995；Freibauer et al.，2002）。Wang et al.（2011）基于全国尺度的综合研究发现，将农田转变为人工草地后土壤固碳速率随草地建植时间的增加而呈对数函数降低。研究结果表明，在甘肃东北部和陕西北部的半干旱温带草地区域，人工草地建植后，土壤碳含量显著增加，但土壤固碳速率随种植年限的增加呈加速衰减趋势。在陕西北部地区，土壤有机碳库达到稳定的时间约为 20 年，而甘肃东北部的实验研究最长仅为 10 年，其结果存在较大的不确定性。建植初期较高的土壤固碳速率可能是由于早期土壤碳库还未达到饱和状态，而源于地上、地下生物量的碳输入增加以及植被恢复降低了土壤侵蚀，提高了土壤碳固持效应（Nelson et al.，2008），随着植被恢复的不断进行，土壤有机碳库趋于饱和状态，固碳速率也随之降低（邓蕾，2014）。在宁夏温带草地区域，草地土壤碳库表现为先下降（最初的 1～5 年）后增加，但在 15～20 年期间，土壤固碳速率为负，说明人工草地建植至 15 年已经开始发生明显退化。这种变化格局可能是由于在人工草地建植早期，源于地下生物量的碳输入较少，而且较高的地上生产力消耗了大量的土壤养分（邓蕾，2014）。Bruke 等（1995）在北美草原的研究表明，将耕地转变为天然草地后土壤有机碳的恢复大约需要 50 年，这一时间大大高于本研究对我国半干旱草地区域的分析结果，说明对于具有不同环境背景、土壤条件和潜在植被组成的地区而言，管理活动实施后的土壤有机碳动态存在较大差异。

10.3.2.2 放牧地建植人工草地

在高寒草地区域，特别是青海三江源地区，长期以来的超载放牧活动导致草地植被退化十分严重，牧草产量减少，地表覆盖显著降低，土壤养分和有机碳流失明显（Zhou et al.，2005；Harris，2010）。后来，该地区建立了较大面积的人工草地，旨在恢复退化草地的生产力水平及植被群落结构（冯瑞章等，2007；Han et al.，2008）。研究结果表明，在高寒人工草地的建立初期（1～3 年），土壤有机碳含量并未表现出明显变化，这可能是由于土壤有机碳积累通常滞后于植被生产力恢复（Li et al.，2012；Deng et al.，2014b；Hu et al.，2015）。在随后的4～6 年期间，土壤含量显著增加且固碳速率水平达到最高，但7～10 年时间段土壤固碳速率有所下降。这可能是因为地上凋落物积累和地下生物量碳输入增加（Shang et al.，2008），而地表土壤水分条件的改善也提高了枯枝落叶分解速率，从而增加草地表层土壤有机质累积（王长庭等，2007）。有研究表明，人工草地的建立能够促进草地土壤物质循环效率，从而改善退化草地的土壤环境并提高土壤碳库水平（魏学红等，2010；Li et al.，2014b）。当人工草地建植时间超过20 年，土壤碳含量降低明显固碳速率为负值，虽然研究缺乏 10～20 年时间段的观测数据，但结果表明人工草地持续时间过长并不利于草地碳汇功能的发挥和土壤碳稳定性的维持。这说明在高寒地区进行短周期的（4～6 年）人工草地建设可能更有利于土壤碳固持效率的提高以及植被生产力的恢复。这可能是因为人工草地建植草种较为单一，群落结构的稳定性较差，随着植被恢复演替过程逐渐进行，草地逐步退化（董世魁等，2003；侯宪宽等，2015）。

10.3.2.3　沙地/沙丘建植人工植被

在干旱半干旱地区，过度放牧、草原开垦等强烈人类活动造成的植物群落退化以及盖度大幅降低加剧了土壤侵蚀程度（Akiyama and Kawamura，2007；Han et al.，2008），导致退化草地逐步沙化并进一步形成沙丘（Su，2003）。因此，植被恢复重建以及增加地表覆盖度对于控制土壤侵蚀、改善土壤质量并提高土壤有机碳含量具有重要意义（Lal，2000；2001）。研究发现，随着人工植被的建立，沙化草地的土壤有机碳含量明显增加，在 50 年的时间尺度上，土壤固碳量与建植年限间表现为显著的线性正相关关系。这说明沙地/沙丘建植人工植被后，土壤碳库的恢复是一个相对缓慢且持续时间较长的过程。大量研究表明，人工植被建立后，地表枯落物的增加以及大气降尘作用是沙地土壤有机质积累的主要来源（曹成有等，2004；王新平，2005；蒋德明等，2008）。在人工植被建植过程中，地表枯落物、根系残留物的不断累积，在微生物作用下形成土壤结皮（曹成有等，2004；Li et al.，2009），使得浅层土壤颗粒细粒化和养分富集化（Eldridge and Greene，1994；Li et al.，2003；高丽倩等，2012），从而促进植物繁衍更新，导致土壤有机碳含量持续增加（Su，2003；赵廷宁等，2004；贾晓红等，2004；李新荣，2005）。土壤固碳速率随人工植被建植时间的增加而表现为曲线衰减，这可能是因为在植被恢复进程中土壤有机碳库逐渐趋向于饱和。根据研究结果，沙地建植人工植被后土壤碳达到平衡的时间为 45～50 年。

10.3.2.4 围栏管理

围栏管理即通过建设草原围栏的方式消除退化草地的过度放牧压力，其原理在于利用草地生态系统自身的修复能力达到恢复植物生产力和土壤碳库水平的目的（闫玉春等，2009；Wu et al.，2009）。研究对于我国北方草地不同区域围栏管理下土壤有机碳动态特征的分析均表明，建设草原围栏能够迅速有效地提高土壤有机碳含量，但土壤固碳速率随围栏管理持续时间的增加而逐渐降低。在新疆草地区，土壤固碳速率在 25 年间呈对数下降趋势；在青藏高原高寒草地区，土壤固碳速率也表现出相似的动态变化规律，约 30 年的围栏管理后，固碳速率逐渐趋向 0；在内蒙古温带草地区域，围栏草地土壤碳库达到平衡的时间约为 20 年左右；而在宁夏中温带草地，这一时间约为 25 年。围栏管理能够迅速增加土壤有机碳含量，可能是因为其解除了过度放牧对草地植物的繁殖更新的抑制，有利于植被生产力的恢复，在增加地上干物质和根系周转带来的碳输入的同时减少了牲畜采食所带走的碳输出（Su et al.，2005；Mekuria et al.，2007；He et al.，2008）。此外，有研究表明围栏管理后，土壤水分条件得以改善，促进了植物生长，植被盖度的增加又降低了地表水分蒸发进而提高了土壤保水能力，从而形成了一个正反馈机制（Wu et al.，2010；Hu et al.，2015）；同时，地表覆盖的增加以及牲畜过度踩踏的移除降低了因土壤侵蚀而带来的碳流失（Neff et al.，2005；Steffens et al.，2008）。然而，长期的围栏管理下，土壤固碳速率趋向于 0，围栏草地可能从碳汇向碳源转变（He et al.，2008），土壤碳的这种动态变化趋势，可能是因为围栏内过多的凋落物累积抑制了草地生态系统养分循环及微生物分解活动（Schuman et al.，1999；Reeder et al.，2004）。在草地恢复过程中，当植被演替进行到一定程度，适度的牲畜采食和践踏反而能够有效地促进地上立枯及凋落物的降解速率，将更多的碳贮存于土壤之中（Shariff et al.，1994；Reeder and Schuman，2002）。从不同区域来看，围栏管理下青藏高原高寒草地土壤碳达到平衡时间要长于温带地区，可能是因为高寒地区年均温度较低，土壤碳循环和根系周转速率相对缓慢（Gill and Jackson，2000；Yang et al.，2008），导致有机碳库累积时间更长。

10.3.3 对草原碳汇管理的启示

退化草地生态系统生产力和碳蓄积水平的恢复是草地生态系统能够提供最为基础的生态服务功能的关键所在，而土壤碳库的增加对于

缓解由于 CO_2 上升而导致全球气候变暖也具有重要意义（Lal，2004）。在我国北方草地，耕地建植人工草地、退化放牧地建植人工草地、沙地建植人工草地以及围栏管理这四类草地管理措施都能够有效地提高草地土壤碳含量，具有较大的固碳潜力。但是，土壤碳库的变化主要集中于浅层（≤30cm）土壤，这意味着各种人为管理活动的影响以及土地利用方式的改变都可能极大地影响草原土壤碳库的稳定性，因此，如何长期持续地发挥草原碳汇功能应当成为制定可持续草地管理策略的核心问题。从土壤碳含量的时间动态特征来看，研究结果表明，在不同管理措施下，土壤固碳速率均表现为非线性降低趋势，各区域土壤碳达到饱和的时间也存在一定差异。从最大化草地固碳效益的角度出发，耕地建植人工草地的持续时间应当不超过 20 年；退化放牧地建植人工草地的时间应当更短，为 4 ~ 7 年，诸多研究均表明退化草地补播后虽然土壤碳含量显著增加但草地群落由于结构简单也易于发生退化（董世魁等，2003）；沙地建植人工草地后的土壤碳累积过程相对缓慢，大约 50 年可以恢复到较高的水平；围栏管理下，温带草地有机碳库的恢复需要 20 ~ 25 年，而高寒草地需要的时间相对更长，但长期围栏管理下生态系统养分循环效率持续降低（Reeder et al.，2004），且凋落物的大量积累也增大草原火灾的风险（Bird et al.，2000），因此推荐 10 ~ 15 年可考虑移除草原围栏，进行适度放牧，使得草地生态系统的物质循环和能量流动处于动态平衡之中。

据 Conant 等（2001）估算，对退化草地进行改进的管理措施具有巨大的固碳潜力，如施肥管理的年均固碳速率约为 0.3Mg/(hm^2 · a)，灌溉约为 0.11Mg/(hm^2 · a)，通过改进的放牧方式约为 0.35Mg/(hm^2 · a)。Wang 等（2011）对我国的研究也表明了相似的结果。因此，对于退牧还草工程的未来规划而言，应更多地选择各类综合性管理措施，针对不同退化背景和现状，施行有利于增强草地固碳潜力的适应性工程措施。基于研究结果，就草地开垦为农田造成土地退化而言，重新建植人工牧草地可以作为一种比较高效的恢复措施予以考虑。针对由于过度放牧活动所形成的轻度或中度退化草地，围栏建设可以作为主要的管理手段，让草地处于自然恢复过程中，同时适当考虑其他一些诸如施肥、灌溉等综合性措施（Wu et al. 2010）；但对于重度退化以及沙化的草地生态系统，仅依靠生态系统自身修复能力已无法恢复原生群落状态，必须人工建植天然植被，为维持草地生态系统固碳潜力的持续发挥，还应加强采用如除草、灌溉等密集型管理措施（Li et al., 2014a）。

第 11 章　退牧还草工程的综合成本效益评估

在全球气候变化的背景下，碳排放权已经成为制约世界各国经济发展的瓶颈，相关的碳贸易市场也蓬勃发展。尽管草地碳汇没有被纳入《京都议定书》规定的监管市场（CDM 机制），或是其他监管或者准监管市场，但大量研究都表明草地具有巨大的碳汇能力，特别是退化草地，通过实施一系列优化的草地管理措施能够有效增加草地碳库，具有巨大的固碳潜力（Conant and Paustian，2002；Lal，2004）。对于我国的退牧还草工程而言，前面章节的研究已表明工程具有明显的固碳增汇效果，进一步对其固碳成本及效益进行分析，能够为将来我国参与“其他监管和准监管市场”以及自愿市场碳贸易提供重要依据。

需要注意的是，我国实施退牧还草工程的首要目的是解决草原超载过牧问题，恢复退化草地植被生产力，改善草原生态环境，从而提高草地生态系统提供诸如牧草生产、防风固沙、水源涵养等各项生态系统服务的能力。因此，基于生态系统服务价值评价体系对退牧还草工程实施以来所发挥的综合生态效益进行评估就显得十分必要。

11.1　退牧还草工程固碳收益计算方法

11.1.1　固碳成本计算

退牧还草工程的固碳成本（cost of carbon sequestration，CC）定义

为在工程启动期（2003 年）至固碳评估期（2010 年）时间段内工程措施下草地每固定一吨碳所投入的成本。各省份工程的固碳成本（CC_p，元/t）计算公式如下：

$$CC_p = (I_p / CSE_p) \times 100 \tag{11-1}$$

式中，I_p 为各省份 2003～2010 年退牧还草工程的总投入金额（10^8 元），该数据源于原农业部草原监理中心的统计数据，涵盖工程建设经费、牧民补贴等项目；CSE_p 为 2003～2010 年各省份由于工程措施而导致的碳库增量（Tg），采用第 6 章基于时空互代法的固碳估算结果。

11.1.2 工程固碳效益计算

工程固碳效益参照张良侠等（2014）的方法进行计算，根据退牧还草工程固碳量的总价值和总投入成本的差值计算工程的固碳效益。各省份退牧还草工程固碳价值计算公式如下：

$$V_p = CSE_p \times P_c \times 100 \tag{11-2}$$

式中：V_p 为各省份退牧还草工程下草地固碳量的总价值（10^8 元）；P_c 为碳汇价格（元/tCO_2），采用欧洲碳排放交易体系（EU-EST）的有关价格，取值为 136.5 元/tCO_2。

各省份退牧还草工程总固碳效益及单位面积固碳效益的计算公式如下：

$$B_p = V_p - I_p \tag{11-3}$$

$$MB_p = B_p / (A_p \times 10^{-4}) \tag{11-4}$$

式中：B_p 为各省份退牧还草工程的总固碳效益（10^8元）；MB_p 为各省份退牧还草工程单位面积的固碳效益（元/hm^2）；A_p 为各省份工程实施面积（10^4hm^2）。

11.2 基于生态服务价值的工程生态效益评估方法

Costanza 等（1997）首次对全球生态系统服务价值和自然资本进行了系统性研究，将全球生态系统划分为 16 个类型，将生态服务划分为 17 个类型。但该方法体系是基于全球范围内的生态系统服务平均价值的估算，很难体现区域差异和生态系统的复杂性。谢高地等（2008）基于对我国生态学者的大量问卷调查结果制定了适应中国实际情况的新的生态系统服务评估单价体系（表 11-1）。表 11-1 提供了一个反映我国平均水平的草地生态系统生态服务价值当量因子以及价值单价（谢高地等，2008）。因此，参照其方法，基于草地生态系统服务价值对退牧还草工程的生态效益进行评估。草地生态系统的生态服务被划分为食物生产、原材料生产、提供美学景观、气体调节、气候调节、水文调节、保持土壤、废物处理、维持生物多样性共 9 项。

表 11-1　我国草地生态系统单位面积生态服务价值当量及价值

项目	供给服务		调节服务			支持服务			文化服务
	食物生产	原材料生产	气体调节	气候调节	水源涵养	废物处理	保持土壤	生物多样性维持	休闲娱乐
单位面积价值当量	0.43	0.36	1.5	1.56	1.52	1.32	2.24	1.87	0.87
单位面积价值（元/hm^2）	193.1	161.7	673.6	700.6	682.6	592.8	1005.9	839.8	390.7

由于生态系统的生态服务功能大小与该生态系统的生物量有密切关系，为此，假定生态服务功能强度与生物量呈线性关系，依据第 6 章中估算得到的 2000 ~2010 年退牧还草工程下草地生物量增量来计算

生态服务价值的生物量调节因子，进而订正单位面积草地生态服务价格，并评估各省份退牧还草工程下草地生态系统服务价值。

订正后的不同省份单位面积草地生态系统的生态服务价值 P_{ijk}（元/hm^2）计算公式如下：

$$P_{ijk} = (\Delta b_{ij}/B)/P_j \tag{11-5}$$

式中，$i=1$，2，…，7，分别代表内蒙古、四川、西藏等7个工程实施省份；$j=1$，2，…，9，分别代表食物生产、原材料生产等不同类型的生态系统服务价值；$k=1$，2，…，11，分别代表温性草甸草原、温性草原、温性荒漠草原、高寒草甸草原、高寒草原、高寒荒漠草原、温性草原化荒漠、温性荒漠、低地草甸、山地草甸和高寒草甸11种草地类型；P_j为表11-1中草地生态系统服务价值参考基准单价；Δb_{ij}为省份 i 退牧还草工程下 j 类草地的生物量增量；B 为我国草地单位面积平均生物量。

i 省份退牧还草工程（2000～2010年）的生态效益计算公式为：

$$V_i = \sum_{j=1}^{9} \sum_{k=1}^{11} A_{ik} P_{ijk} \tag{11-6}$$

式中：V_i 为 i 省份的工程生态效益；A_{ik} 为 i 省份 k 草地类的面积；P_{ijk} 为 i 省份 k 草地类的 j 类生态系统服务单价。

k 草地类退牧还草工程（2000～2010年）的生态效益（V_k）计算公式为：

$$V_k = \sum_{i=1}^{7} \sum_{j=1}^{9} A_{ik} P_{ijk} \tag{11-7}$$

2000～2010年退牧还草工程总生态效益（V）计算公式为：

$$V = \sum_{i=1}^{7} V_i \tag{11-8}$$

11.3 退牧还草工程固碳成本效益分析

11.3.1 退牧还草工程的固碳成本

2003～2010 年，全国退牧还草工程七大实施省份的工程建设总成本为 131.75 亿元，各省份的平均成本为 18.8 亿元；其中内蒙古和新疆的投入成本最高，分别为 34 亿元和 25.7 亿元，这主要由于两区的工程实施总面积较大。青海位列第三，为 20.1 亿元，其余省份的成本投入均不及平均水平，工程成本投入由大到小分别为四川，18.5 亿元，甘肃，15.8 亿元，西藏，14.2 亿元，宁夏，3.5 亿元（图 11-1）。

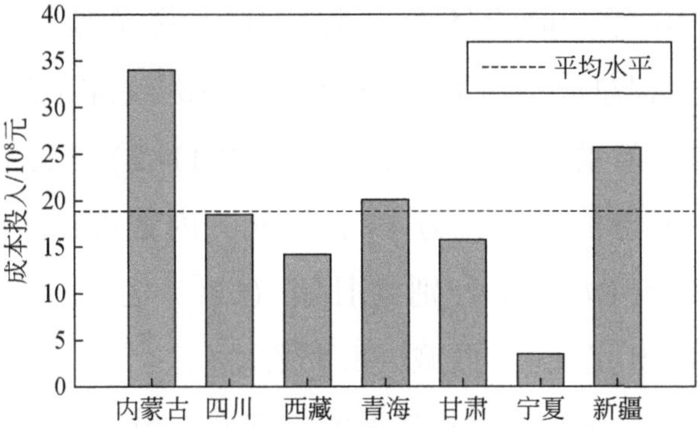

图 11-1　不同省份退牧还草工程的总投入成本

根据计算结果，退牧还草工程的平均固碳成本为 112.8 元/t。在各省份中，西藏最高，固碳成本超过 200 元/t，达到 226.6 元/t。新疆、青海、内蒙古、宁夏的固碳成本都在平均水平之上，分别为 144.6 元/t、129.2 元/t、120.9 元/t、117.6 元/t。四川和甘肃固碳成本较低，不到 100 元/t，分别为 57.9 元/t 和 75.1 元/t（图 11-2）。

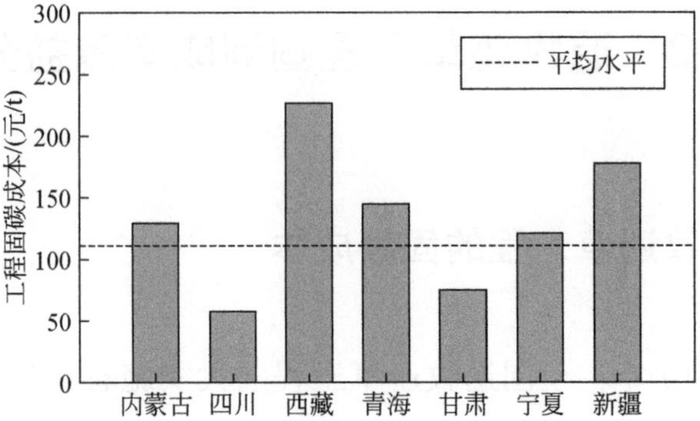

图 11-2　不同省份退牧还草工程的固碳成本

11.3.2　退牧还草工程的固碳效益

2003～2010 年，退牧还草工程下七省份草地碳汇的总价值为 159.4 亿元，工程总成本为 131.75 亿元，固碳效益为 27.7 亿元，单位面积的平均固碳效益为 45.76 元/hm^2（表 11-2）。从不同省份来看，四川的工程碳汇价值最高，为 43.5 亿元，内蒙古位居第二，为 35.9 亿元，其余省份由大至小分别为甘肃（28.7 亿元）、新疆（19.8 亿元）、青海（19.0 亿元）、西藏（8.5 亿元）、宁夏（4.0 亿元）。结合各省份工程成本投入，四川和甘肃的固碳效益较高，分别达到 25.0 亿元和 12.9 亿元，内蒙古、宁夏的固碳效益也为正值，分别为 1.9 亿元和 0.5 亿元，然而西藏、新疆、青海的成本投入高于碳汇价值，因此固碳效益为负，分别为-5.7 亿元、-5.9 亿元和-1.1 亿元（表 11-2）。从单位面积固碳效益来看，前两位仍为四川和甘肃，分别为 314.17 元/hm^2 和 153.21 元/hm^2；宁夏略高于内蒙古，分别为 16.57 元/hm^2 和 10.69 元/hm^2；西藏、新疆、青海单位面积的固碳效益为负值，分别为-123.32 元/hm^2、-53.00 元/hm^2 和-14.79 元/hm^2（表11-2）。

表 11-2　退牧还草工程固碳总成本及效益

省份	面积 /10^4 hm^2	固碳量 /Tg	碳汇价值 /10^8 元	成本投入 /10^8 元	固碳成本 /(元/t)	固碳效益 /10^8 元	单位面积固碳效益 /(元/hm^2)
内蒙古	1777. 3	26. 31	35. 9	34. 00	129. 2	1. 9	10. 69
四川	796. 7	31. 90	43. 5	18. 47	57. 9	25. 0	314. 17
西藏	460. 6	6. 26	8. 5	14. 18	226. 5	−5. 7	−123. 32
青海	757. 5	13. 91	19. 0	20. 12	144. 6	−1. 1	−14. 79
甘肃	843. 3	21. 00	28. 7	15. 78	75. 1	12. 9	153. 21
宁夏	295. 7	2. 90	4. 0	3. 51	121. 0	0. 5	16. 57
新疆	1111. 4	14. 47	19. 8	25. 69	177. 5	−5. 9	−53. 00
合计	6042. 5	116. 76	159. 4	131. 75	112. 8	27. 7	45. 76

上述结果表明，仅从经济学角度来看，在青藏高原东部（四川、甘肃）实施退牧还草工程的固碳成本最低，而在青藏高原腹地（西藏、青海）以及新疆的固碳成本较高。从固碳的成本收益角度来看，四川和甘肃的固碳成本明显低于市场价格，具有较高的碳收益，内蒙古尽管实施面积最大，但单位面积的固碳收益并不高，低于平均水平。而对于西藏、青海和新疆，其固碳成本高于碳汇市场价值，因此不能从退牧还草工程中获取相应的碳收益。因此，仅考虑退牧还草工程的固碳成本效益，适合工程固碳效益发挥的最佳区域是我国的青藏高原东部地区。

11.4　退牧还草工程的生态效益分析

11.4.1　不同省份退牧还草工程（2003 ~ 2010 年）的生态效益

2003 ~ 2010 年退牧还草工程的总生态效益为 902. 43 亿元，单位面积工程的生态效益为 1493.46 元/hm^2。在七大工程实施省份中，四川的工程生态效益最高，为 258.64 亿元，青海其次，为 189.92 亿元，两者的效益之和约占整个工程生态效益的一半；内蒙古和新疆的工程生态效益也超过 100 亿元，分别为 168.07 亿元和 135.10 亿元；宁夏退牧还草工程的生态效益最低，为 16.11 亿元；甘肃和西藏的工程生态效益分别为 83.95 亿元和 50.64 亿元（表 11-3）。

表 11-3　不同省份退牧还草工程的生态效益

省份	工程面积 /$10^4 hm^2$	面积比例 /%	单价 /(元/hm^2)	总价值 /10^8元	价值比例 /%	成本 /10^8元	净效益 /10^8元
内蒙古	1777.34	29.4	945.63	168.07	18.6	34.00	134.07
四川	796.70	13.2	3246.39	258.64	28.7	18.47	240.17
西藏	460.57	7.6	1099.51	50.64	5.6	14.18	36.46
甘肃	757.50	12.5	1108.25	83.95	9.3	20.12	63.83
青海	843.29	14.0	2252.13	189.92	21.0	15.78	174.14
宁夏	295.67	4.9	544.86	16.11	1.8	3.51	12.60
新疆	1111.40	18.4	1215.58	135.10	15.0	25.69	109.41
退牧还草工程区	6042.47	100.0	1493.46	902.43	100.0	131.75	770.67

从各项生态服务的价值增益来看（表 11-4，表 11-5），退牧还草工程在保持土壤方面的效益最高，为 173.22 亿元，占总服务价值增益的比例高达 19.2%，维持生物多样性、气候调节、水文调节、气体调节和废物处理次之，服务价值分别为 144.6 亿元、120.63 亿元、117.54 亿元、115.99 亿元和 102.07 亿元，提供美学景观、食物生产和原材料生产的价值也分别达到 67.28 亿元、33.25 亿元和 27.84 亿元。

参照退牧还草工程在 2003～2010 年期间的总投资成本，从工程发挥的综合生态效益来看，工程的净经济效益为 770.67 亿元，各省份扣除成本后的净效益均为正值，效益由大至小分别为四川（240.17 亿元)，青海（174.14 亿元)，内蒙古（134.07 亿元)，新疆（109.41 亿元)，甘肃（63.83 亿元)，西藏（36.46 亿元)，宁夏（12.60 亿元)。

退牧还草工程单位面积生态效益的平均水平为 1493.46 元/hm^2，不同省份来看，仍为四川最高，单位面积的效益价值达到 3246.39 元/hm^2；青海居第二位，为 2252.13 元/hm^2；其余省份由大至小分别为新疆（1215.58 元/hm^2)、甘肃（1108.25 元/hm^2)、西藏（1099.51 元/hm^2)、内蒙古（945.63 元/hm^2)、宁夏（544.86 元/hm^2)。

表 11-4 退牧还草工程下不同省份单位面积服务价值增益 （单位：元/hm^2）

省份	食物生产	原材料生产	气体调节	气候调节	水文调节	废物处理	保持土壤	维持生物多样性	提供美学景观
内蒙古	34.84	29.17	121.54	126.40	123.16	106.96	181.50	151.52	70.50
四川	119.62	100.15	417.27	433.96	422.83	367.20	623.12	520.20	242.02
西藏	40.51	33.92	141.33	146.98	143.21	124.37	211.05	176.19	81.97
甘肃	40.84	34.19	142.46	148.16	144.36	125.36	212.73	177.60	82.63
青海	82.98	69.47	289.47	301.05	293.33	254.73	432.27	360.87	167.89
宁夏	20.07	16.81	70.03	72.83	70.96	61.62	104.57	87.30	40.62
新疆	44.79	37.50	156.24	162.50	158.33	137.50	233.32	194.79	90.62

表 11-5 退牧还草工程下不同省份各项生态服务价值增益 （单位：10^8 元）

省份	食物生产	原材料生产	气体调节	气候调节	水文调节	废物处理	保持土壤	维持生物多样性	提供美学景观
内蒙古	6.19	5.18	21.60	22.47	21.89	19.01	32.26	26.93	12.53
四川	9.53	7.98	33.24	34.57	33.69	29.25	49.64	41.44	19.28
西藏	1.87	1.56	6.51	6.77	6.60	5.73	9.72	8.11	3.78
甘肃	3.09	2.59	10.79	11.22	10.93	9.50	16.11	13.45	6.26
青海	7.00	5.86	24.41	25.39	24.74	21.48	36.45	30.43	14.16
宁夏	0.59	0.50	2.07	2.15	2.10	1.82	3.09	2.58	1.20
新疆	4.98	4.17	17.37	18.06	17.60	15.28	25.93	21.65	10.07
合计	33.25	27.84	115.99	120.63	117.54	102.07	173.22	144.60	67.28

11.4.2 不同类型草地退牧还草工程（2003～2010年）的生态效益

在退牧还草工程措施下，从不同草地类型来看，山地草甸类和高寒草甸类单位面积的生态效益最高，分别为2850.77元/hm^2和2762.06元/hm^2，高寒草甸草原类、温性草原类、温性草甸草原类和低地草甸类的单位面积效益在1000～2000元/hm^2，分别为1795.62元/hm^2、1787.74元/hm^2、1553.69元/hm^2、1119.51元/hm^2，温性草原化荒漠类、高寒草原类、温性荒漠草原类、温性荒漠类和高寒荒漠草原的单位面积效益相对较低，小于700元/hm^2，尤其是高寒荒漠草原，每公顷工程措施发挥的生态效益仅为73.45元（表11-6）。

表11-6 退牧还草工程下不同类型草地的生态效益

类别	工程面积 /$10^4 hm^2$	面积比例 /%	单价 /(元/hm^2)	总价值 /10^8元	价值比例 /%
温性草甸草原类	171.27	2.8	1553.69	26.61	2.9
温性草原类	701.22	11.6	1787.74	125.36	13.9
温性荒漠草原类	517.55	8.6	567.29	29.36	3.3
高寒草甸草原类	51.18	0.8	1795.62	9.19	1.0
高寒草原类	513.65	8.5	628.25	32.27	3.6
高寒荒漠草原类	70.80	1.2	73.45	0.52	0.1
温性草原化荒漠类	304.14	5.0	639.84	19.46	2.2
温性荒漠类	1381.89	22.9	444.39	61.41	6.8
低地草甸类	300.31	5.0	1119.51	33.62	3.7
山地草甸类	428.13	7.1	2850.77	122.05	13.5
高寒草甸类	1602.32	26.5	2762.06	442.57	49.0

退牧还草工程措施下，不同类型草地发挥的总生态效益存在较大差异，高寒草甸由于工程覆盖面积较大且单位面积服务价值较高，其

总的生态效益达到442.57 亿元，占工程总效益的比例高达49%；温性草原类和山地草甸类次之，生态效益分别为 125.36 亿元和 122.05 亿元；其他类型草地的生态效益由大到小分别为温性荒漠类（61.41 亿元）、低地草甸类（33.62 亿元）、高寒草原类（32.27 亿元）、温性荒漠草原类（29.36 亿元）、温性草甸草原类（26.61 亿元）、温性草原化荒漠类（19.46 亿元）、高寒草甸草原类（9.19 亿元）和高寒荒漠草原类（0.52 亿元）。

11.5 本章小结

从市场角度来讲，2003 ~2010 年退牧还草工程固碳量的碳市场价格超过其固碳成本，工程固碳收益为 27.7 亿元。就不同省份而言，四川、甘肃、内蒙古、宁夏工程的固碳效益较高；而西藏、新疆、青海的固碳成本高于碳市场价值，仅从固碳效益角度来看，固碳收益为负值。然而，从退牧还草工程的实施目的来看，固碳效益仅仅是工程附加效益之一。根据基于生态服务价值的工程生态效益评估结果，退牧还草工程实施而带来的巨大生态效益具有巨大的直接和经济价值，总体上，2003 ~2010 年期间工程的总生态效益为 902.43 亿元，远远超出了工程的投资成本，工程净效益达到 770.67 亿元。

参考文献

曹成有，蒋德明，全贵静，等 . 2004. 科尔沁沙地小叶锦鸡儿人工固沙区土壤理化性质的变化 . 水土保持学报，18（6）：108-111.

曹子龙，郑翠玲，赵廷宁，等 . 2009. 补播改良措施对沙化草地植被恢复的作用 . 水土保持研究，16（1）：90-92.

常瑞英，刘国华，傅伯杰 . 2010. 区域尺度土壤固碳量估算方法评述 . 地理研究，29（9）：1616-1628.

陈芙蓉，程积民，刘伟，等 . 2013. 不同干扰对黄土区典型草原物种多样性和生物量的影响 . 生态学报，33（9）：2856-2866.

陈杰 . 2007. 贵州省植烟土壤砾石含量分布 . 安徽农业科学，35（32）：10334-10335.

陈佐忠，汪诗平 . 2000. 中国典型草原生态系统 . 北京：科学出版社 .

邓蕾 . 2014. 黄土高原生态系统碳固持对植被恢复的响应机制. 杨凌：西北农林科技大学 .

董世魁，胡自治，龙瑞军，等 . 2003. 高寒地区多年生禾草混播草地的群落学特征研究 . 生态学杂志，22（5）：20-25.

方东明，周广胜，蒋延玲，等 . 2012. 基于 CENTURY 模型模拟火烧对大兴安岭兴安落叶松林碳动态的影响 . 应用生态学报，23（9）：2411-2421.

方华军，杨学明，张晓平 . 2003. 农田土壤有机碳动态研究进展 . 土壤通报，34（6）：562-568.

冯瑞章，周万海，龙瑞军，等 . 2007. 江河源区不同建植期人工草地土壤养分及微生物量磷和磷酸酶活性研究 . 草业学报，16（6）：1-6.

冯忠心，周娟娟，王欣荣，等 . 2013. 补播和划破草皮对退化亚高山草甸植被恢复的影响 . 草业科学，30（9）：1313-1319.

高丽倩，赵允格，秦宁强，等 . 2012. 黄土丘陵区生物结皮对土壤物理属性的影响 . 自然资源学报，27（8）：105-112.

高鲁鹏，梁文举，姜勇，等 . 2014. 利用 CENTURY 模型研究东北黑土有机碳的动态变化 Ⅰ. 自然状态下土壤有机碳的积累．应用生态学报，15（5）：772-776.
高永恒，陈槐，罗鹏，等．2008. 放牧强度对川西北高寒草甸植物生物量及其分配的影响．生态与农村环境学报，24（3）：26-32.
高由禧．1984. 西藏气候．北京：科学出版社．
郭然，王效科，逯非．2008. 中国草地土壤生态系统固碳现状和潜力．生态学报，28（2）：862-867.
国政．2011. 西南地区天然林保护工程综合效益评价研究．北京：北京林业大学．
侯扶江，杨中艺．2006. 放牧对草地的作用．生态学报，26（1）：244-264.
侯宪宽，董全民，施建军，等．2015. 青海草地早熟禾单播人工草地群落结构特征及土壤理化性质研究．中国草地学报，37（1）：65-69.
胡会峰，刘国华．2006. 中国天然林保护工程的固碳能力估算．生态学报，26（1）：291-296.
贾晓红，周海燕，李新荣．2004. 无灌溉人工固沙区土壤有机碳及氮含量变异的初步结论．中国沙漠，24（4）：437-441.
蒋德明，曹成有，押田敏雄，等．2008. 科尔沁沙地小叶锦鸡儿人工林防风固沙及改良土壤效应研究．干旱区研究，25（5）：653-658.
金琳，李玉娥，高清竹，等．2008. 中国农田管理土壤碳汇估算．中国农业科学，41（3）：734-743.
康雯瑛，焦建丽，王君．2008. 太阳总辐射计算方法对比分析．气象与环境科学，31（3）：33-37.
雷相东，彭长辉，田大伦，等．2006. 整合分析（Meta- analysis）方法及其在全球变化中的应用研究．科学通报，51（22）：2587-2597.
李博．中国的草原．1990. 北京：科学出版社．
李继由，张谊光．1993. 中国农业气候资源．北京：中国人民大学出版社．
李娜娜．2014. 管理措施对高寒草甸植物群落地上、地下生产力的影响．兰州：兰州大学．
李世华，牛铮，李壁成．2005. 植被净第一性生产力遥感过程模型研究．水土保持研究，12（3）：126-128.
李新荣．2005. 干旱沙区土壤空间异质性变化对植被恢复的影响．中国科学，35（4）：361-370.
李裕元，邵明安，郑纪勇，等．2007. 黄土高原北部草地的恢复与重建对土壤有机碳的影响．生态学报，27（6）：2279-2287.
李早霞，王建英．2011. 退化草原围栏封育后地上生物量干鲜比值的研究．中国草地学报，33（2）：57-62.

刘卫国，魏文寿，刘志辉 . 2009. 新疆气候变化下植被净初级生产力格局分析 . 干旱区研究，26（2）：206-211.

刘忠宽，汪诗平，陈佐忠，等 . 2006. 不同放牧强度草原休牧后土壤养分和植物群落变化特征. 生态学报，26（6）：2048-2056.

卢鹤立 . 2009. 基于 IPCC 方法框架的中国陆地生态系统碳源汇核定技术体系及其应用研究. 北京：中国科学院地理科学与资源研究所 .

逯非，王效科，刘魏魏，等 . 2022. 中国生态系统碳汇的现状及潜力//刘竹，逯非，朱碧青 . 气候变化的应对：中国的碳中和之路 . 郑州：河南科学技术出版社 .

马文红，方精云，杨元合，等 . 2010. 中国北方草地生物量动态及其与气候因子的关系 . 中国科学：生命科学，（7）：632-641.

聂学敏 . 2008. 黄河源区退牧还草工程绩效评价与对策研究 . 兰州：甘肃农业大学 .

彭文英，张科利，杨勤科 . 2006. 退耕还林对黄土高原地区土壤有机碳影响预测 . 地域研究与开发，25（3）：94-99.

朴世龙，方精云，贺金生，等 . 2004. 中国草地植被生物量及其空间分布格局 . 植物生态学报，28（4）：491-498.

钱永兰，吕厚荃，张艳红 . 2010. 基于 ANUSPLIN 软件的逐日气象要素插值方法应用与评估 . 气象与环境学报，26（2）：7-15.

秦大河，丁一汇，苏纪兰，等 . 2005. 中国气候与环境演变评估（Ⅰ）：中国气候与环境变化及未来趋势 . 气候变化研究进展，1（1）：4-9.

单丽燕，贠旭疆，董永平，等 . 2008. 退牧还草工程项目遥感分析与效益评价——以四川省阿坝县为例 . 遥感技术与应用，23（2）：173-178.

申卫军，彭少麟，邬建国，等 . 2003. 南亚热带鹤山主要人工林生态系统 C、N 累积及分配格局的模拟研究 . 植物生态学报，27（5）：690-699.

石锋，李玉娥，高清竹，等 . 2009. 管理措施对我国草地土壤有机碳的影响 . 草业科学，26（3）：9-15.

石福孙，吴宁，罗鹏，等 . 2007. 围栏禁牧对川西北亚高山高寒草甸群落结构的影响 . 应用与环境生物学报，13（6）：767-770.

石莎，邹学勇，张春来，等 . 2009. 京津风沙源治理工程区植被恢复效果调查 . 中国水土保持科学，7（2）：86-92.

王长庭，曹广民，王启兰，等 . 2007. 三江源地区不同建植期人工草地植被特征及其与土壤特征的关系 . 应用生态学报，18（11）：2426-2431.

王长庭，龙瑞军，王启兰，等 . 2008. 放牧扰动下高寒草甸植物多样性、生产力对土壤养分条件变化的响应. 生态学报, 28 (9): 4144-4152.

王静, 郭铌, 韩天虎等. 2008. 退牧还草工程生态效益评价——以甘肃省玛曲县和安西县为例. 草业科学, 25 (12): 35-40.

王新平. 2005. 干旱半干旱地区人工固沙灌木林生态系统演变特征. 生态学报, 25 (8): 1974-1980.

王岩春. 2007. 阿坝县国家退牧还草工程项目区围栏草地恢复效果的研究. 雅安: 四川农业大学.

王岩春, 干友民, 费道平, 等. 2008. 川西北退牧还草工程区围栏草地植被恢复效果的研究. 草业科学, 25 (10): 15-19.

王酉石, 储诚进. 2011. 结构方程模型及其在生态学中的应用. 植物生态学报, 35 (3): 337-344.

魏学红, 孙磊, 武高林. 2010. 青藏高原东缘"黑土型"退化草甸人工草地改良的土壤养分响应. 水土保持学报, 24 (5): 153-156.

肖向明. 1996. 内蒙古锡林河流域典型草原初级生产力和土壤有机质的动态及其对气候变化的反应. 植物学报, 38 (1): 45-52.

谢高地, 甄霖, 鲁春霞, 等. 2008. 一个基于专家知识的生态系统服务价值化方法. 自然资源学报, 23 (5): 911-919.

邢晓旭, 徐兴良, 张宪洲, 等. 2010. 基于MODIS数据的2000-2005年东北亚草地NPP模拟. 地理学报, 20 (2): 151-160.

许涛. 2013. 玛曲县高寒人工草地植被群落和土壤特性研究. 兰州: 甘肃农业大学.

闫玉春, 唐海萍, 辛晓平, 等. 2009. 围封对草地的影响研究进展. 生态学报, 29 (9): 5039-5046.

杨尚斌, 温仲明, 张佳. 2010. 基于自然植被的延河流域农田生态系统土壤固碳潜力评估. 干旱地区农业研究, 28 (5): 211-217.

于贵瑞, 王秋凤, 刘迎春, 等. 2011. 区域尺度陆地生态系统固碳速率和增汇潜力概念框架及其定量认证科学基础. 地理科学进展, 30 (7): 771-787.

于金娜. 2010. 西北地区"三北防护林"工程综合效益评价. 杨凌: 西北农林科技大学.

张峰, 周广胜, 王玉辉. 2008. 基于CASA模型的内蒙古典型草原植被净初级生产力动态模拟. 植物生态学报, 7 (4): 786-797.

张戈丽, 欧阳华, 张宪洲, 等. 2010. 基于生态地理分区的青藏高原植被覆被变化及其对气候变化的响应. 地理研究, 29 (11): 2004-2016.

张良侠, 樊江文, 张文彦, 等. 2014. 京津风沙源治理工程对草地土壤有机碳库的影响——以内蒙古锡林郭勒盟为例. 应用生态学报, 25 (2): 374-380.

张小全 . 2006. 土利利用变化和林业清单方法学进展 . 气候变化研究进展，6：265-268.

张小全，朱建华，侯振宏 . 2009. 主要发达国家林业有关碳源汇及其计量方法与参数 . 林业科学研究，22（2）：285-293.

张永强，唐艳鸿，姜杰 . 2006. 青藏高原草地生态系统土壤有机碳动态特征 . 中国科学 . D 辑：地球科学，36（12）：1140-1147.

张勇，李有华，杜轶，等 . 2007. 区域退耕还林（草）工程综合效益评价研究 . 水土保持通报，27（6）：108-111.

章力建，刘帅 . 2010. 保护草原增强草原碳汇功能 . 中国草地学报，32（2）：1-5.

赵娜，庄洋，赵吉 . 2014. 放牧和补播对草地土壤有机碳和微生物量碳的影响 . 草业科学，31（3）：367-374.

赵瑞 . 2015. 广西平果县退耕还林工程生态效益监测与评价研究 . 北京：北京林业大学 .

赵廷宁，曹子龙，郑翠玲，等 . 2004. 平行高立式沙障对严重沙化草地土壤有机质含量及颗粒组成的影响 . 中国水土保持科学，2（4）：73-77.

赵同谦，欧阳志云，贾良清，等 . 2004. 中国草地生态系统服务功能间接价值评价 . 生态学报，24（6）：1101-1110.

郑华平，陈子萱，牛俊义，等 . 2009. 补播禾草对玛曲高寒沙化草地植物多样性和生产力的影响 . 草业学报，18（3）：28-33.

中国科学院南京土壤研究所 . 1978. 土壤理化分析 . 上海：上海科学技术出版社 .

中华人民共和国农业部 . 2015. 2014 年全国草原监测报告 . http://www.moa.gov.cn/[2020-10-20].

中华人民共和国农业部畜牧兽医司 . 1996. 中国草地资源 . 北京：中国科学技术出版社 .

周才平，欧阳华，曹宇，等 . 2008. “一江两河”中部流域植被净初级生产力估算 . 应用生态学报，19（5）：1071-1076.

朱文泉，陈云浩，徐丹，等 . 2005. 陆地植被净初级生产力计算模型研究进展 . 生态学杂志，24（3）：296-300.

朱文泉，潘耀忠，张锦水 . 2007. 中国陆地植被净初级生产力遥感估算 . 植物生态学报，5（3）：413-424.

左大康，王懿贤，陈建绥 . 1963. 中国地区太阳总辐射的空间分布特征 . 气象学报，33（1）：78-96.

Abberton M, Conant R, Batello C, et al. 2009. Grassland carbon sequestration: Management, policy and economics. Rome: The Workshop on the Role of Grassland Carbon Sequestration in the Mitigation of Climate Change.

Adams D C, Gurevitch J, Rosenberg M S. 1997. Resampling tests for meta- analysis of ecological data. Ecology, 78 (4): 1277-1283.

Akiyama T, Kawamura K. 2007. Grassland degradation in China: Methods of monitoring, management and restoration. Grassland Science, 53 (1): 1-17.

Altesor A, Oesterheld M, Leoni E, et al. 2005. Effect of grazing on community structure and productivity of a Uruguayan grassland. Plant Ecology, 179 (1): 83-91.

Anderson J. 1991. The effects of climate change on decomposition processes in grassland and coniferous forests. Ecological Applications, 1 (3): 326-347.

Antle J, Capalbo S, Mooney S, et al. 2002. Sensitivity of carbon sequestration costs to soil carbon rates. Environmental Pollution, 116 (3): 413-422.

Archer S, Detling J K. 1986. Evaluation of potential herbivore mediation of plant water status in a North American mixed-grass prairie. Oikos, 47 (47): 287-291.

Ardö J, Olsson L. 2003. Assessment of soil organic carbon in semi-arid Sudan using GIS and the CENTURY model. Journal of Arid Environments, 54 (4): 633-651.

Bai Y F, Han X G, Wu J G, et al. 2004. Ecosystem stability andcompensatory effects in the Inner Mongolia grassland. Nature, 431 (7005): 181-184.

Bakker E S, Ritchie M E, Olff H, et al. 2006. Herbivore impact on grassland plant diversity depends on habitat productivity and herbivore size. Ecology Letters, 9 (7): 780-788.

Bandaranayake W, Qian Y, Parton W, et al. 2003. Estimation of soil organic carbon changes in turfgrass systems using the CENTURY model. Agronomy Journal, 95 (3): 558-563.

Bardgett R D, Wardle D A. 2003. Herbivore-mediated linkages between aboveground and belowground communities. Ecology, 84 (9): 2258-2268.

Belnap J. 2003. The world at your feet: Desert biological soil crusts. Frontiers in Ecology and the Environment, 1 (4): 181-189.

Belsky A. 1986. Does herbivory benefit plants? A review of the evidence. American Naturalist, 127 (6): 870-892.

Belsky A. 1987. The effects of grazing: Confounding of ecosystem, community, and organism scales. American Naturalist, 129 (5): 777-783.

Belsky A J, Carson W P, Jensen C L, et al. 1993. Overcompensation by plants: Herbivore optimization or red herring? Evolutionary Ecology, 7 (1): 109-121.

Biondini M E, Patton B D, Nyren P E. 1998. Grazing intensity and ecosystem processes in a northern mixed-grass prairie, USA. Ecological Applications, 8 (2): 469-479.

Bird M, Veenendaal E, Moyo C, et al. 2000. Effect of fire and soil texture on soil carbon in a subhumid savanna (Matopos, Zimbabwe). Geoderma, 94 (1): 71-90.

Bird S B, Herrick J E, Wander M, et al. 2002. Spatial heterogeneity of aggregate stability and soil carbon in semi-arid rangeland. Environmental Pollution, 116 (3): 445-455.

Bouchard V, Tessier M, Digaire F, et al. 2003. Sheep grazing as management tool in Western European saltmarshes. Comptes Rendus Biologies, 326 Suppl 1 (8): 148-157.

Brown T T, Huggins D R. 2012. Soil carbon sequestration in the dryland cropping region of the Pacific Northwest. Journal of Soil and Water Conservation, 67 (5): 406-415.

Bruce J P, Frome M, Haites E, et al. 1999. Carbon sequestration in soils. Journal of Soil & Water Conservation, 54 (1): 382-389.

Burke I C , Yonker C M , Parton W J , et al. 1989. Texture, climate, and cultivation effects on soil organic matter content in U. S. grassland soils. Soil Science Society of America Journal, 53 (3): 800–805.

Burke I C, Lauenroth W K, Coffin D P. 1995. Soil organic- matter recovery in semiarid grasslands- implications for the conservation reserve program. Ecological Applications, 5 (3): 793-801.

Butler L G, Kielland K. 2008. Acceleration of vegetation turnover and element cycling by mammalian herbivory in riparian ecosystems. Journal of Ecology, 96 (1): 136-144.

Callesen I, Liski J, Raulund- Rasmussen K, et al. 2003. Soil carbon stores in Nordic well- drained forest soils–relationships with climate and texture class. Global Change Biology, 9 (3): 358-370.

Cameron D R, Marty J, Holland R F. 2014. Whither the rangeland? Protection and conversion in California's rangeland ecosystems. Plos One, 9 (8): e103468.

Chang R Y, Fu B J, Liu G H, et al. 2011. Soil carbon sequestration potential for 'Grain for Green' Project in Loess Plateau, China. Environmental Management, 48 (6): 1158-1172.

Chen L D, Gong J, Fu B J, et al. 2007. Effect ofland use conversion on soil organic carbon sequestration in the Loess Hillyarea, Loess Plateau of China. Ecological Research, 22 (4): 641-648.

Cheng J M, Wu G L, Zhao L P, et al. 2011. Cumulative effects of 20- year exclusion of livestock grazing on above- and belowground biomass of typical steppe communities in arid areas of the Loess Plateau, China. Plant Soil & Environment, 57 (1): 40-44.

Ciais P, Schelhaas M J, Zaehle S, et al. 2008. Carbon accumulation in European forests. Nature Geoscience, 1 (7): 425-429.

Collins S L, Bradford J A, Sims P L. 1988. Succession and fluctuation in Artemisia dominated grassland. Plant Ecology, 73 (2): 89-99.

Conant R T, Paustian K. 2002. Potential soil carbon sequestration in overgrazed grassland ecosystems. Global Biogeochemical Cycles, 16 (1143): 901-909.

Conant R T, Paustian K, Elliott E. 2001. Grassland management and conversion into grassland: Effects on soil carbon. Ecological Applications, 11: 342-355.

Connell J H. 1979. Intermediate-disturbance hypothesis. Science, 204 (4399): 1344-1345.

Costanza R, d'Arge R, de Groot R, et al. 1997. The value of the world's ecosystem services and natural. Nature, 387 (15): 253–260.

Coughenour M, McNaughton S, Wallace L. 2008. Shoot growth and morphometric analyses of *Serengeti graminoids*. African Journal of Ecology, 23 (3): 179-194.

Cui X Y, Wang Y F, Niu H S, et al. 2005. Effect of long-term grazing on soil organic carbon content in semiarid steppes in Inner Mongolia. Ecological Research, 20 (5): 519-527.

DAHV (Department of Animal Husbandry and Veterinary, Institute of Grassland, Chinese Academy of Agricultural Sciences), GSAHV (General Station of Animal Husbandry and Veterinary, China Ministry of Agriculture). 1996. Rangeland Resources of China. Beijing: China Agricultural Science and Technology Press.

De Deyn G B, Cornelissen J H C, Bardgett R D. 2008. Plant functional traits and soil carbon sequestration in contrasting biomes. Ecology Letters, 11 (5): 516-531.

De Mazancourt C, Loreau M, Abbadie L. 1998. Grazing optimization and nutrient cycling: When do herbivores enhance plant production? Ecology, 79 (7): 2242-2252.

Deng L, Liu G B, Shangguan Z P. 2014a. Land- use conversion and changing soil carbon stocks in China's 'Grain-for-Green' Program: A synthesis. Global Change Biology, 20 (11): 3544-3556.

Deng L, Zhang Z, Shangguan Z P. 2014b. Long- term fencing effects on plant diversity and soil properties in China. Soil and Tillage Research, 137 (1): 7-15.

Derner J D, Schuman G E. 2007. Carbon sequestration and rangelands: A synthesis of land management and precipitation effects. Journal of Soil and Water Conservation, 62: 77-85.

Derner J D, Boutton T W, Briske D D. 2006. Grazing and ecosystem carbon storage in the North American Great Plains. Plant and Soil, 395 (3): 77-90.

Dullinger S, Dirnbock T, Greimler J, et al. 2003. A resampling approach for evaluating effects of pasture abandonment on subalpine plant species diversity. Journal of Vegetation Science, 14 (2): 243-252.

Dunn C P, Forest S, Guntenspergen G R, et al. 1993. Ecological benefits of the Conservation Reserve Program. Conservation Biology, 7 (1): 132-139.

Eldridge D J, Greene R S B. 1994. Microbiotic soil crusts: A view oftheir roles in soil and ecological processes in the rangelands of Australia. Australian Journal of Soil Research, 32 (3): 389-415.

Epstein H E, Lauenroth W K, Burke I C. 1997. Effects of temperature and soil texture on ANPP in the U. S. Great Plains. Ecology, 78 (8): 2628-2631.

Eweg H P A, Van Lammeren R, Deurloo H, et al. 1998. Analysing degradation and rehabilitation for sustainable land management in the highlands of Ethiopia. Land Degradation & Development, 9 (6): 529-542.

Falloon P, Smith P, Smith J. 1998. Regional estimates of carbon sequestration potential: Linking the Rothamsted carbon model to GIS databases. Biology and Fertility of Soils, 27 (3): 236-241.

Fan J W, Zhong H P, Harris W, et al. 2008. Carbon storage in the grasslands of China based on field measurements of above-and below-ground biomass. Climatic Change, 86 (3): 375-396.

Fang J Y, Guo Z D, Piao S L, et al. 2007. Terrestrial vegetation carbon sinks in China, 1981-2000. Science in China, 50 (9): 1341-1350.

Fang J Y, Yang Y H, Ma W H, et al. 2010. Ecosystem carbon stocks and their changes in China's grasslands. Science China Life Science, 53 (7): 757-765.

Feng R, Long R, Shang Z, et al. 2010. Establishment of *Elymus natans* improves soil quality of a heavily degraded alpine meadow in Qinghai-Tibetan Plateau, China. Plant & Soil, 327 (1-2): 403-411.

Feng X M, Fu B J, Lu N, et al. 2013. How ecological restoration alters ecosystem services: An analysis of carbon sequestration in China's Loess Plateau. Scientific Reports, 3: 2846.

Firincioglu H K, Seefeldt S S, Sahin B. 2007. The effects of long-term grazing exclosures on range plants in the Central Anatolian Region of Turkey. Environmental Management, 39 (3): 326-337.

Follett R F, Kimble J M, Lal R. 2001. The Potential of US Grazing Lands to Sequester Carbon and Mitigate the Greenhouse Effect. Boca Raton: Lewis Publishers.

Fornara D, Du Toit J. 2008. Browsing-induced effects on leaf litter quality and decomposition in a southern African savanna. Ecosystems, 11 (2): 238-249.

Frank A, Tanaka D, Hofmann L, et al. 1995. Soil carbon and nitrogen of Northern Great Plains grasslands as influenced by long-term grazing. Journal of Range Management, 48 (5): 470-474.

Frank D A, Groffman P M. 1998. Ungulate vs. landscape control of soil C and N processes in grasslands of Yellowstone National Park. Ecology, 79 (7): 2229-2241.

Frank D A, McNaughton S J, Tracy B F. 1998. The ecology of the earth's grazing ecosystems. BioScience, 48 (7): 513-521.

Frank D A, Kuns M M, Guido D R. 2002. Consumer control of grassland plant production. Ecology, 83 (3): 602-606.

Freibauer A, Rounsevell M D A, Smith P, et al. 2002. Carbon sequestration in the agricultural soils of Europe. Geoderma, 122 (1): 1-23.

Fuhlendorf S, Zhang H, Tunnell T R, et al. 2002. Effects of grazing on restoration of southern mixed prairie soils. Restoration Ecology, 10 (2): 401-407.

Gallego L, Distel R A, Camina R, et al. 2004. Soil phytoliths as evidence for species replacement in grazed rangelands of central Argentina. Ecography, 27 (6): 725-732.

Gao Y H, Zeng X Y, Schumann M, et al. 2011. Effectiveness of exclosures on restoration of degraded alpine meadow in the eastern Tibetan Plateau. Arid Land Research and Management, 25 (2): 164-175.

Gebhart D L, Johnson H B, Mayeux H S, et al. 1994. CRP increases soil organic carbon. Journal of Soil & Water Conservation, 49 (5): 488-492.

Geng Y, Wang Y H, Yang K, et al. 2012. Soil respiration in Tibetan alpine grasslands: Belowground biomass and soil moisture, but not soil temperature, best explain the large-scale patterns. Plos One, 7 (4): e34968.

Gill R, Burke I C, Milchunas D G, et al. 1999. Relationship between root biomass and soil organic matter pools in the shortgrass steppe of eastern Colorado. Ecosystems, 2 (2): 226-236.

Gill R A, Jackson R B. 2000. Global patterns of root turnover for terrestrial ecosystems. New Phytologist, 147 (1): 13-31.

Golodets C, Kigel J, Sternberg M. 2009. Recovery of plant species composition and ecosystem function after cessation of grazing in a Mediterranean grassland. Plant and Soil, 329 (1): 365-378.

Goodale C L, Apps M J, Birdsey R A, et al. 2008. Forest carbon sinks in the Northern Hemisphere. Ecological Applications, 12 (3): 891-899.

Gornall J, Jónsdóttir I, Woodin S, et al. 2007. Arctic mosses govern below-ground environment and ecosystem processes. Oecologia, 153 (4): 931-941.

Grace J B. 2006. Structural Equation Modeling and Natural Systems. Cambridge: Cambridge University Press.

Grime J. 1998. Benefits of plant diversity to ecosystems: Immediate, filter and founder effects. Journal of Ecology, 86 (6): 902-910.

Guitian R, Bardgett R D. 2000. Plant and soil microbial responses to defoliation in temperate semi-natural grassland. Plant and Soil, 220 (1-2): 271-277.

Guo L B, Gifford R M. 2002. Soil carbon stocks and land use change: A meta-analysis. Global Change Biology, 8 (4): 345-360.

Gurevitch J, Hedges L V. 1999. Statistical issues in ecological meta- analyses. Ecology, 80 (4): 1142-1149.

Gurevitch J, Hedges L V. 2001. Meta- analysis: combining the results of independent experiments// Sheiner S M, Gurevitch J. Design and Analysis of Ecological Experiments. 2nd ed. Oxford: Oxford University Press.

Hafner S, Unteregelsbacher S, Seeber E, et al. 2012. Effect of grazing on carbon stocks and assimilate partitioning in a Tibetan montane pasture revealed by $13CO_2$ pulse labeling. Global Change Biology, 18: 528-538.

Han J G, Zhang Y J, Wang C J, et al. 2008. Rangeland degradation and restoration management in China. Rangeland Journal, 30 (2): 233-239.

Harris R B. 2010. Rangeland degradation on the Qinghai-Tibetan plateau: A review of the evidence of its magnitude and causes. Journal of Arid Environments, 74 (1): 1-12.

Hart R H. 2001. Plant biodiversity on shortgrass steppe after 55 years of zero, light, moderate, or heavy cattle grazing. Plant Ecology, 155 (1): 111-118.

Hawkes C V, Sullivan J J. 2001. The impact of herbivory on plants in different resource conditions: A meta-analysis. Ecology, 82 (7): 2045-2058.

Haynes R, Williams P. 1992. Accumulation of soil organic matter and the forms, mineralization potential and plant- availability of accumulated organic sulfur: Effects of pasture improvement and intensive cultivation. Soil Biology and Biochemistry, 24 (3): 209-217.

He N, Yu Q, Wu L, et al. 2008. Carbon and nitrogen store and storage potential as affected by land-use in a *Leymus chinensis*, grassland of northern China. Soil Biology & Biochemistry, 40 (12): 2952-2959.

He N P, Han X G, Yu G R, et al. 2011. Divergent changes in plant community composition under 3-decade grazing exclusion in continental steppe. Plos One, 6 (11): e26506.

He Y X, Sun G, Wu N, et al. 2009. Effects of dung deposition on grassland ecosystem: A review. Chinese Journal of Ecology, 28 (2): 322-328.

Hedges L V, Olkin I, Statistiker M. 1985. Statistical Methods for Meta- analysis. Orlando: Academic Press.

Hedges L V, Gurevitch J, Curtis P S. 1999. The meta- analysis of response ratios in experimental ecology. Ecology, 80 (4): 1150-1156.

Heimlich R E, Kula O E. 1991. Economics of livestock and crop production on post-CRP lands//Joyce J, Mitcbell E, Skold M D. The Conservation Reserve–Yesterday, Today and Tomorrow. Washington D. C. : USDA.

Hiernaux P, Bielders C L, Valentin C, et al. 1999. Effects of livestock grazing on physical and chemical properties of sandy soils in Sahelian rangelands. Journal of Arid Environments, 41 (3): 231-245.

Holland E A, Parton W J, Detling J K, et al. 1992. Physiological responses of plant populations to herbivory and their consequences for ecosystem nutrient flow. American Naturalist, 140 (4): 685-706.

Holmes K W, Chadwick O A, Kyriakidis P C, et al. 2006. Large- area spatially explicit estimates of tropical soilcarbon stocks and response to land- cover change. Global Biogeochemical Cycles, 20 (3): 2981-2990.

Houghton R. 2007. Balancing the global carbon budget. Annual Review of Earth & Planetary Sciences, 35 (1): 313-347.

Houghton R, Hackler J. 2003. Sources and sinks of carbon from land-use change in China. Global Biogeochemical Cycles, 17 (2): 3-1.

Houghton R, Hobbie J, Melillo J M, et al. 1983. Changes in the carbon content of terrestrial biota and soils between 1860 and 1980: A net release of CO_2 to the atmosphere. Ecological Monographs, 53 (3): 235-262.

Houghton R, Hackler J, Lawrence K. 1999. The US carbon budget: Contributions from land- use change. Science, 285 (5427): 574-578.

Hu Z M, Li S G, Guo Q, et al. 2015. A synthesis of the effect of grazing exclusion on carbon dynamics in grasslands in China. Global Change Biology, 22 (4): 1385-1393.

Huang L T, Xiao Z P, Zhao C, et al. 2013. Effects of grassland restoration programs on ecosystems in arid and semiarid China. Journal of Environmental Management, 117: 268-275.

Hungate B A, Dukes J S, Shaw M R, et al. 2003. Atmospheric science: Nitrogen and climate change. Science, 302 (5650): 1512-1513.

Hutchinson M F. 1998. Interpolation of rainfall data with thin plate smoothing splines, Part Ⅰ: Two dimensional smoothing of data with short range correlation. Journal of Geographic Information and Decision Analysis, 2 (2): 139-151.

Huxman T E, Smith M D, Fay P A, et al. 2004. Convergence across biomes to a common rain- use efficiency. Nature, 429 (6992): 651-654.

IPCC. 2000. A Special Report of IPCC: Land Use, Land- Use Change and Forestry. Cambridge: Cambridge University Press.

IPCC. 2001. Climate Change 2001, the Scientific Basis. Cambridge: Cambridge University Press.

IPCC. 2007. Fourth Assessment Report of Working Group Ⅲ: Summary for Policymakers. Cambridge: Cambridge University Press.

Janssens I A, Freibauer A, Ciais P, et al. 2003. Europe's terrestrial biosphere absorbs 7 to 12% of European anthropogenic CO_2 emissions. Science, 300 (5625): 1538-1542.

Jaramillo V J, Detling J K. 1988. Grazing history, defoliation, and competition: Effects on shortgrass production and nitrogen accumulation. Ecology, 69 (5): 1599-1608.

Jeddi K, Chaieb M. 2010. Changes in soil properties and vegetation following livestock grazing exclusion in degraded arid environments of South Tunisia. Flora, 205 (3): 184-189.

Jenkinson D, Rayner J. 1977. The turnover of soil organic matter in some of the roti- iamsted classical experiments. Soil Science, 123: 298-305.

Jiang H M, Jiang J P, Jia Y, et al. 2006. Soil carbon pool and effects of soil fertility in seeded alfalfa fields on the semi-arid Loess Plateau in China. Soil Biology & Biochemistry, 38: 2350-2358.

Jing Z B, Cheng J M, Su J S, et al. 2014. Changes in plant community composition and soil properties under 3-decade grazing exclusion in semiarid grassland. Ecological Engineering, 64 (3): 171-178.

Johnson L C, Matchett J R. 2001. Fire and grazing regulate belowground processes in tallgrass prairie. Ecology, 82 (12): 3377-3389.

Johnston A E, Poulton P R, McEwen J. 1980. The soil of Rothamsted farm: The carbon and nitrogen content of the soils and the effect of changes in crop rotation and manuring on soil pH, P, K, and Mg. Rothamsted Experimental Station Report for 1980, 2: 5-20.

Jones A. 2000. Effects of cattle grazing on North American arid ecosystems: A quantitative review. Western North American Naturalist, 60 (2): 155-164.

Kauffman J B, Thorpe A S, Brookshire E N J. 2004. Livestock exclusion and belowground ecosystem responses in riparian meadows of Eastern Oregon. Ecological Application, 14 (6): 1671-1679.

Klein J A, Harte J, Zhao X Q. 2004. Experimental warming causes large and rapid species loss, dampened by simulated grazing, on the Tibetan Plateau. Ecology Letters, 7 (12): 1170-1179.

Klimek S, Kemmermann A R G, Hofmann M, et al. 2007. Plant species richness and composition in managed grasslands: The relative importance of field management and environmental factors. Biological Conservation, 134 (4): 559-570.

Knyazikhin Y, Glassy J, Privette J L, et al. 1999. MODIS Leaf Area Index (LAI) and Fraction of Photosynthetically Active Radiation Absorbed by Vegetation (FPAR) Product (MOD15) Algorithm Theoretical Basis Document. Greenbelt: NASA Goddard Space Flight Center.

Lal R . 1998. Soil Quality and Agricultural Sustainability. Ann Arbor: Sleepin Bear Press, Inc.

Lal R. 1999. Soil management and restoration for C sequestration to mitigate the accelerated greenhouse effect. Progress in Environmental Science, (4): 1.

Lal R. 2000. Carbon sequestration in drylands. Annals of Arid Zone, 39 (1): 1-10.

Lal R. 2001. Potential of desertification control to sequester carbon and mitigate the greenhouse effect. Climatic Change, 51 (1): 35-72.

Lal R. 2002. Soil carbon sequestration in China through agricultural intensification, and restoration of degraded and desertified ecosystems. Land Degradation & Development, 13 (6): 469-478.

Lal R. 2004. Soil carbon sequestration impacts on global climate change and food security. Science, 304 (5677): 1623-1627.

Lamb E G. 2008. Direct and indirect control of grassland community structure by litter, resources, and biomass. Ecology, 89 (1): 216.

Lambert M G, Barker D J, Mackay A D, et al. 1996. Biophysical indicators of sustainability of North Island hill pasture systems. Proceedings of the New Zealand Grassland Association, 57: 31-36.

Langley J A, Hungate B A. 2003. Mycorrhizal controls on belowground litter quality. Ecology, 84 (9): 2302-2312.

Lee M, Manning P, Rist J, et al. 2010. A global comparison of grassland biomass responses to CO_2 and nitrogen enrichment. Philosophical Transactions of the Royal Society of London, 365 (1549): 2047-2056.

Leriche H, LeRoux X, Gignoux J, et al. 2001. Which functional processes control the short- term effect of grazing on net primary production in grasslands? Oecologia, 129 (1): 114-124.

Li D J, Niu S L, Luo Y Q. 2012. Global patterns of the dynamics of soil carbon andnitrogen stocks following afforestation: A meta-analysis. New Phytologist, 195 (1): 172-181.

Li K R, Wang S Q, Cao M K. 2004. Vegetation and soil carbon storage in China. Science in China Series D: Earth Sciences, 47 (1): 49-57.

Li X D, Fu H, Guo D, et al. 2008. Effects of land-use regimes on carbon sequestration in the Loess Plateau, northern China. New Zealand Journal of Agriculture Research, 51 (1): 45-52.

Li X L, Gao J, Brierley G, et al. 2013. Rangeland degradation on the Qinghai- Tibet Plateau: Implications for rehabilitation. Land Degradation & Development, 24 (1): 72-80.

Li X R, Zhou H Y, Wang X P. 2003. The effects of sand stabilizationand revegetation on cryptogam species diversity and soil fertility in Tengger Desert, Northern China. Plant and Soil, 251 (2): 237-245.

Li X R, Zhang Y M, Zhao Y G. 2009. A study of biological soil crusts: Recent development, trend and prospect. Advances in Earth Science, 24 (1): 11-24.

Li Y J, Yan Z, Zhao J N, et al. 2014a. Effects of rest grazing on organic carbon storage in *Stipa grandis* steppe in Inner Mongolia, China. Journal of Integrative Agriculture, 13 (3): 624-634.

Li Y Y, Dong S K, Wen L, et al. 2014b. Soil carbon and nitrogen pools and their relationship to plant and soil dynamics of degraded and artificially restored grasslands of the Qinghai- Tibetan Plateau. Geoderma, 213: 178-184.

Liu G H, Wu X. 2014. Carbon storage and sequestration of national key ecological restoration programs in China: An introduction to special issue. Chinese Geographical Science, 56 (4): 272-278.

Liu J G, Diamond J. 2005. China's environment in a globalizing world. Nature, 435 (7046): 1179-1186.

Liu J S, Wang L, Wang D L, et al. 2012. Plants can benefit from herbivory: Stimulatory effects of sheep saliva on growth of *Leymus chinensis*. Plos One, 7 (1): 108.

Liu M, Liu G H, Wu X, et al. 2014. Vegetation traits and soil properties in response to utilization patterns of grassland in Hulun Buir city, Inner Mongolia, China. Chinese Geographical Science, 71 (24): 471-478.

Loeser M R R, Sisk T D, Crews T E. 2007. Impact of grazing intensity during drought in an Arizona grassland. Conservation Biology, 21 (1): 87-97.

Lufafa A, Bolte J, Wright D, et al. 2008. Regional carbon stocks and dynamics in native woody shrub communities of Senegal's Peanut Basin. Agriculture, Ecosystems & Environment, 128 (1-2): 1-11.

Luno C M, Gcia M E, Vazquez H B. 1997. Changes in the botanical composition of two rangelands in Zacatecas, Mexico, under exclusion and grazing. Agrociencia, 31: 313-321.

Luo Y Q, Hui D F, Zhang D Q. 2006. Elevated CO_2 stimulates net accumulations of carbon and nitrogen in land ecosystems: A meta-analysis. Ecology, 87 (1): 53-63.

Maia S M F, Ogle S M, Cerri C C, et al. 2010. Changes in soil organic carbon storage under different agricultural management systems in the Southwest Amazon Region of Brazil. Soil & Tillage Research, 106 (2): 177-184.

Mann L K. 1986. Changes in soil carbon storage after cultivation. Soil Science, 142: 279-288.

Mayer R, Kaufmann R, Vorhauser K, et al. 2009. Effects of grazing exclusion on species composition in high-altitude grasslands of the Central Alps. Basic and Applied Ecology, 10 (5): 447-455.

McIntosh P D, Allen R B. 1998. Effect of exclosure on soils, biomass, plant nutrients, and vegetation, on unfertilised steeplands, Upper Waitaki District, South Island, New Zealand. New Zealand Journal of Ecology, 22 (2): 209-217.

McIntosh P D, Allen R B, Scott N. 1997. Effects of exclosure and management on biomass and soil nutrient pools in seasonally dry high country, New Zealand. Journal of Environmental Management, 51 (2): 169-186.

McNaughton S. 1979. Grazing as an optimization process: Grass-ungulate relationships in the Serengeti. American Naturalist, 113 (5): 691-703.

McNaughton S. 1984. Grazing lawns: Animals in herds, plant form, and coevolution. American Naturalist, 124 (6): 863-886.

McNaughton S. 1985. Ecology of a grazing ecosystem: The Serengeti. Ecological Monographs, 55 (55): 259-294.

McNaughton S J, Banyikwa F F, McNaughton M M. 1998. Root biomass and productivity in a grazing ecosystem: The Serengeti. Ecology, 79 (2): 587-592.

McSherry M E, Ritchie M E. 2013. Effects of grazing on grassland soil carbon: A global review. Global Change Biology, 19 (5): 1347-1357.

Meissner R A, Facelli J M. 1999. Effects of sheep exclusion on the soil seed bank and annual vegetation in chenopod shrublands of South Australia. Journal of Arid Environments, 42 (2): 117-128.

Mekuria W, Veldkamp E. 2012. Restoration of native vegetation following exclosure establishment on communal grazing lands in Tigray, Ethiopia. Applied Vegetation Science, 15 (15): 71-83.

Mekuria W, Veldkamp E, Halle M, et al. 2007. Effectiveness of exclosures to restore degraded soils as a result of overgrazing in Tigray, Ethiopia. Journal of Arid Environments, 69 (2): 270-284.

Mikhailova E, Bryant R, DeGloria S, et al. 2000. Modeling soil organic matter dynamics after conversion of native grassland to long-term continuous fallow using the CENTURY model. Ecological Modelling, 132 (3): 247-257.

Milchunas D G, Lauenroth W K. 1993. Quantitative effects of grazing on vegetation and soils over a global range of environments. Ecological Monographs, 63 (4): 327-366.

Moretto A, Distel R. 2002. Soil nitrogen availability under grasses of different palatability in a temperate semi-arid rangeland of central Argentina. Austral Ecology, 27 (27): 509-514.

Moretto A, Distel R, Didoné N. 2001. Decomposition and nutrient dynamic of leaf litter and roots from palatable and unpalatable grasses in a semi-arid grassland. Applied Soil Ecology, 18 (1): 31-37.

Naeth M, Bailey A, Pluth D, et al. 1991. Grazing impacts on litter and soil organic matter in mixed prairie and fescue grassland ecosystems of Alberta. Journal of Range Management, 44 (1): 7-12.

Nave L E, Vance E D, Swanston C W, et al. 2011. Fire effects on temperate forest soil C and N storage. Ecological Applications, 21 (4): 1189-1201.

Neff J C, Reynolds R L, Belnap J, et al. 2005. Multi-decadal impacts of grazing on soil physical and biogeochemical properties in southeast Utah. Ecological Applications, 15 (1): 87-95.

Nelson J D J, Schoenau J J, Malhi S S. 2008. Soil organic carbon changes and distribution in cultivated and restored grassland soils in Saskatchewan. Nutrient Cycling in Agroecosystems, 82 (82): 137-148.

Ni J. 2001. Carbon storage in terrestrial ecosystems of China: Estimates at different spatial resolutions and their responses to climate change. Climatic Change, 49 (3): 339-358.

Ni J. 2002. Carbon storage in grasslands of China. Journal of Arid Environments, 50 (2): 205-218.

Ni J. 2005. Forage yield-based carbon storage in grasslands of China. Climatic Change, 67 (2-3): 237-246.

Niu D, Hall S J, Fu H, et al. 2011. Grazing exclusion alters ecosystem carbon pools in Alxa desert steppe. New Zealand Journal of Agricultural Research, 54 (3): 127-142.

Noble G H. 2006. Meta-analysis: Methods, strengths, weaknesses, and political uses. Journal of Laboratory & Clinical Medicine, 147 (1): 7-20.

Oba G, Vetaas O R, Stenseth N C. 2001. Relationships between biomass and plant species richness in arid-zone grazing lands. Journal of Applied Ecology, 38 (4): 836-845.

Oesterheld M, McNaughton S. 1991. Effect of stress and time for recovery on the amount of compensatory growth after grazing. Oecologia, 24 (85): 305-313.

Ogle S M, Jay B F, Eve M D, et al. 2003. Uncertainty in estimating land use and management impacts on soil organic carbon storage for US agricultural lands between 1982 and 1997. Global Change Biology, 9 (11): 1521-1542.

Ogle S M, Conant R T, Paustian K. 2004. Deriving grassland management factors for a carbon accounting method developed by the Intergovernmental Panel on Climate Change. Environmental Management, 33: 474-484.

Ojima D S, Parton W J, Schimel D S, et al. 1993. Modeling the effects of climatic and CO_2 changes on grassland storage of soil C. Water, Air, & Soil Pollution, 70 (1-4): 643-657.

Olff H, Ritchie M E. 1998. Effects of herbivores on grassland plant diversity. Trends in Ecology and Evolution, 13 (7): 261-265.

Olson J S, Watts J A, Allison L J. 1983. Carbon in Live Vegetation of Major World Ecosystem. Oak Ridge: Oak Ridge National Laboratory.

Osem Y, Perevolotsky A, Kigel J. 2002. Grazing effect on diversity of annual plant communities in a semi-arid rangeland: Interactions with small-scale spatial and temporal variation in primary productivity. Journal of Ecology, 90 (6): 936-946.

Pacala S W, Hurtt G C, Baker D, et al. 2001. Consistent land- and atmosphere-based U. S. carbon sink estimates. Science, 292 (5525): 2316-2320.

Palmer A R. 1999. Detecting publication bias in meta-analyses: A case study of fluctuating asymmetry and sexual selection. American Naturalist, 154 (2): 220-233.

Pan Y D, Birdsey R A, Fang J Y, et al. 2011. A large and persistent carbon sink in the world's forests. Science, 333 (6045): 988-993.

Papanastasis V P. 2009. Restoration of degraded grazing lands through grazing management: Can it work? Restoration Ecology, 17 (4): 441-445.

Parton W, Schimel D S, Cole C, et al. 1987. Analysis of factors controlling soil organic matter levels in Great Plains grasslands. Soil Science Society of America Journal, 51 (5): 1173-1179.

Parton W, Scurlock J, Ojima D, et al. 1993. Observations and modeling of biomass and soil organic matter dynamics for the grassland biome worldwide. Global Biogeochemical Cycles, 7 (4): 785-809.

Partzsch M, Bachmann U. 2011. Is Campanula glomerata threatened by competition from expanding grasses? Results from a 5-year pot-experiment. Plant Ecology, 212 (212): 251-261.

Paul K I, Polglase P J, Nyakuengama J G, et al. 2002. Change in soil carbon following afforestation. Forest Ecology and Management, 168 (1-3): 241-257.

Paustian K. 2000. Modeling Soil Organic Matter Dynamics – Global Challenges. Cambridge: CABI Publishing.

Paustian K, Collins H P, Paul E A. 1997a. Management controls on soil carbon//Paul E A, Paustian K, Elliot E T, et al. Soil Organicmatter in Temperate Agroecosystems. Boca Raton: CRC Press.

Paustian K, Andrén O, Janzen H H, et al. 1997b. Agricultural soils as a sink to mitigate CO_2 emissions. Soil Use Management, 13 (13): 230-244.

Peco B, de Pablos I, Traba J, et al. 2005. The effect of grazing abandonment on species composition and functional traits: The case of dehesa grasslands. Basic and Applied Ecology, 6 (2): 175-183.

Peco B, Sanchez A M, Azcarate F M. 2006. Abandonment in grazing systems: Consequences for vegetation and soil. Agric Ecosyst Environ, 113 (1-4): 284-294.

Pei S F, Fu H, Wan C G, et al. 2006. Observations on changes in soil properties in grazed and nongrazed areas of Alxa desert steppe, Inner Mongolia. Arid Land Res. Manag, 20 (2): 161-175.

Piao S L, Fang J Y, Zhou L M, et al. 2007. Changes in biomass carbon stocks in China's grasslands between 1982 and 1999. Global Biogeochemical Cycles, 21 (2): B2002 (1-10).

Piao S L, Fang J Y, Ciais P, et al. 2009. The carbon balance of terrestrial ecosystems in China. Nature, 458: 1009-1082.

Piñeiro G, Paruelo J M, Oesterheld M. 2006. Potential long-term impacts of livestock introduction on carbon and nitrogen cycling in grasslands of Southern South America. Global Change Biology, 12 (7): 1267-1284.

Piñeiro G, Paruelo J M, Jobbagy E G, et al. 2009. Grazing effects on belowground C and N stocks along a network of cattle exclosures in temperate and subtropical grasslands of South America. Global Biogeochemical Cycles, 23 (2): 1291-1298.

Piñeiro G, Paruelo J M, Oesterheld M, et al. 2010. Pathways of grazing effects on soil organic carbon and nitrogen. Rangel Ecology & Management, 63 (1): 109-119.

Post W M, Kwon K C. 2000. Soil carbon sequestration and land-use change: Processes and potential. Global Change Biology, 6 (3): 317-327.

Potter C, Klooster S, Genovese V. 2012. Net primary production of terrestrial ecosystems from 2000 to 2009. Climatic Change, 115 (2): 365-378.

Potter C S, Randerson J T, Field C B, et al. 1993. Terrestrial ecosystem production: A process model based on global satellite and surface data. Global Biogeochemical Cycles, 7 (4): 811-841.

Proulx M, Mazumder A. 1998. Reversal of grazing impact on plant species richness in nutrient-poor vs. nutrient-rich ecosystems. Ecology, 79 (8): 2581-2592.

Pucheta E, Bonamici I, Cabido M, et al. 2004. Below-ground biomass and productivity of a grazed site and a neighbouring ungrazed exclosure in a grassland in central Argentina. Austral Ecology, 29 (2): 201-208.

Purakayastha T J, Huggins D R, Smith J L. 2008. Carbon sequestration in native prairie, perennial grass, no–till, and cultivated palouse silt loam. Soil Science Society of America Journal, 72 (2): 534–540.

Pykala J. 2004. Cattle grazing increases plant species richness of most species trait groups in mesic semi-natural grasslands. Plant Ecology, 175 (2): 217-226.

Raich J W, Schlesinger W H. 1992. The global carbon- dioxide flux in soil respiration and its relationship to vegetation and climate. Tellus Series B- Chemical & Physical Meteorology, 44 (2): 81-99.

Raiesi F, Asadi E. 2006. Soil microbial activity and litter turnover in native grazed and ungrazed rangelands in a semiarid ecosystem. Biology & Fertility of Soils, 43 (1): 76-82.

Reeder J D, Schuman G E. 2002. Influence of livestock grazing on C sequestration in semi-arid mixed-grass and short-grass rangelands. Environmental Pollution, 116 (3): 457-463.

Reeder J D, Schuman G E, Bowman R. 1998. Soil C and N changes on conservation reserve program lands in the Central Great Plains. Soil and Tillage Research, 47 (s3-4): 339-349.

Reeder J D, Schuman G E, Morgan J A, et al. 2004. Response of organic and inorganic carbon and nitrogen to long- term grazing of the shortgrass steppe. Environmental Management, 33 (4): 485-495.

Reid R S, Thornton P K, Mccrabb G J, et al. 2004. Is it possible to mitigate greenhouse gas emissions in pastoral ecosystems of the tropics? Tropical Agriculture in Transition–Opportunities for Mitigating Greenhouse Gas Emissions, 6 (1-2): 91-109.

Risser P G. 1993. Making ecological information practical for resource managers. Ecological Applications, 3 (1): 37-38.

Rook A J, Dumont B, Isselstein J, et al. 2004. Matching type of livestock to desired biodiversity outcomes in pastures: A review. Biological Conservation, 119 (2): 137-150.

Rosenberg M S, Adams D C, Gurevitch J. 2000. Metawin: Statistical Software for Meta-Analysis. Sunderland, MA: Sinauer Associates.

Rosenthal R, Dimatteo M R. 2001. Meta- analysis: Recent developments in quantitative methods for literature reviews. Annual Review of Psychology, 52 (1): 59-82.

Sasaki T, Okayasu T, Ohkuro T, et al. 2009. Rainfall variability may modify the effects of long- term exclosure on vegetation in Mandalgobi, Mongolia. Journal of Arid Environments, 73 (10): 949-954.

Schimel D S, Parton W J, Kittel T G, et al. 1990. Grassland biogeochemistry: Links to atmospheric-processes. Climatic Change, 17 (1): 13-25.

Schlesinger W H. 1977. Carbon balance in terrestrial detritus. Annual Review of Ecology and Systematics, 8 (4): 51-81.

Schlesinger W H. 1997. Biogeochemistry: An Analysis of Global Change. New York: Academic Press.

Schlesinger W H. 1999. Carbon sequestration in soils. Science, 15 (1492): 79-86.

Schnabel R, Franzluebbers A, Stout W, et al. 2000. Pasture management effects on soil carbon sequestration//Follett R F, Kimble J M, Lal R. Carbon Sequestration Potential of U. S. Grazinglands. Boca Raton: CRC Press.

Schuman G E, Reeder J D, Manley J T, et al. 1999. Impact of grazing management on the carbon and nitrogen balance of a mixed-grass rangeland. Ecological Applications, 9 (1): 65-71.

Schwab A P, Owensby C E, Kulyingyong S. 1990. Changes in soil chemical properties due to 40 years of fertilization. Soil Science, 149 (1): 35-43.

Scurlock J, Hall D. 1998. The global carbon sink: A grassland perspective. Global Change Biology, 4 (2): 229-233.

Semmartin M, Ghersa C M. 2006. Intraspecific changes in plant morphology, associated with grazing, and effects on litter quality, carbon and nutrient dynamics during decomposition. Austral Ecology, 31 (1): 99-105.

Semmartin M, Garibaldi L A, Chaneton E J. 2008. Grazing history effects on above- and below-ground litter decomposition and nutrient cycling in two co- occurring grasses. Plant and Soil, 303 (1-2): 177-189.

Shaltout K H, El- Halawany E F, El- Kady H F. 1996. Consequences of protection from grazing on diversity and abundance of the coastal lowland vegetation in Eastern Saudi Arabia. Biodiversity and Conservation, 5 (1): 27-36.

Shang Z H, Ma Y S, Long R J, et al. 2008. Effects offencing, artificial seedling and abandonment on vegetation composition and dynamics of 'black soil land' in the headwaters of the Yangtze and the Yellow Rivers in the Qinghai- Tibetan Plateau. Land Degradation & Development, 19 (5): 554-563.

Shariff A R, Biondini M E, Grygiel C E. 1994. Grazing intensityeffects on litter decomposition and soil nitrogen mineralization. Journal of Range Management, 47 (47): 444-449.

Shi F S, Wu L, Luo P, et al. 2007. Effect of enclosing on community structure of subalpine meadow in northwestern Sichuan, China. Chinese Journal of Applied & Environmental Biology, 13 (6): 767-770.

Shi F S, Chen H, Wu Y, et al. 2010. Effects of livestock exclusion on vegetation and soil properties under two topographic habitats in an alpine meadow on the eastern Qinghai- Tibetan Plateau. Polish Journal of Ecology, 58 (1): 125-133.

Shi S W, Han P F. 2015. Estimating the soil carbon sequestration potential of China's Grain for Green Project. Global Biogeochemical Cycles, 28 (11): 1279-1294.

Shipley B. 2002. Cause and Correlation in Biology: A User's Guide to Pathanalysis, Structural Equations and Causal Inference. Cambridge: Cambridge University Press.

Shipley B, Lechowicz M J, Wright I, et al. 2006. Fundamental trade-offs generating the worldwide leaf economics spectrum. Ecology, 87 (3): 535-541.

Shirato Y, Zhang T H, Ohkuro T, et al. 2005. Changes in topographical features and soil properties after exclosure combined with sand-fixing measures in Horqin Sandy Land, Northern China. Soil Science and Plant Nutrition, 51 (1): 61-68.

Shrestha G, Stahl P D. 2008. Carbon accumulation and storage in semi-arid sagebrush steppe: Effects of long-term grazing exclusion. Agriculture, Ecosystems & Environment, 125 (s 1-4): 173-181.

Singer F J, Schoenecker K A. 2003. Do ungulates accelerate or decelerate nitrogen cycling? Forest Ecology and Management, 181 (1-2): 189-204.

Slimani H, Aidoud A, Roze F. 2010. 30 years of protection and monitoring of a steppic rangeland undergoing desertification. Journal of Arid Environments, 74 (6): 685-691.

Smith P. 2004. Carbon sequestration in croplands: The potential in Europe and the global context. European Journal of Agronomy, 20 (3): 229-236.

Smith P. 2008. Land use change and soil organic carbon dynamics. Nutrient Cycling in Agroecosystems, 81 (2): 169-178.

Smith P, Powlson D S, Glendining M J, et al. 1997. Potential for carbon sequestration in European soils: Preliminary estimates for five scenarios using results from long-term experiments. Global Change Biology, 3 (1): 67-79.

Smith P, Powlson D S, Glendining M J, et al. 1998. Preliminary estimates of the potential for carbon mitigation in European soils through no-till farming. Global Change Biology, 4 (4): 679-685.

Smith P, Powlson D S, Smith J U, et al. 2001. Meeting Europe's climate change commitments: Quantitative estimates of the potential for carbon mitigation by agriculture. Global Change Biology, 6 (5): 525-539.

Smith R, Shiel R, Millward D, et al. 2000. The interactive effects of management on the productivity and plant community structure of an upland meadow: An 8-year field trial. Journal of Applied Ecology, 37 (6): 1029-1043.

Snyman H A, du Preez C C. 2005. Rangeland degradation in a semi-arid South Africa-Ⅱ: Influence on soil quality. Journal of Arid Environments, 60 (3): 483-507.

Song X Z, Peng C H, Zhou G M, et al. 2014. Chinese Grain for Green Program led to highly increased soil organic carbon levels: A meta-analysis. Scientific Reports, 4 (3): 528.

Song Y B, Yu F H, Keser L, et al. 2012. United we stand, divided we fall: A meta- analysis of experiments on clonal integration and its relationship to invasiveness. Oecologia, 171 (2): 317-327.

Sperow M. 2014. An enhanced method for using the IPCC approach to estimate soil organic carbon storage potential on US agricultural soils. Agriculture Ecosystems & Environment, 193: 96-107.

Sperow M, Eve M, Paustian K. 2003. Potential soil C sequestration on US agricultural soils. Climatic Change, 57 (3): 319-339.

Spooner P, Lunt I, Robinson W. 2002. Is fencing enough? The short-term effects of stock exclusion in remnant grassy woodlands in southern NSW. Ecological Management & Restoration, 3 (2): 117-126.

St Clair S B, Sudderth E A, Fischer M L, et al. 2009. Soil drying and nitrogen availability modulate carbon and water exchange over a range of annual precipitation totals and grassland vegetation types. Global Change Biology, 15 (12): 3018-3030.

Steffens M, Kölbl A, Kai U T, et al. 2008. Grazing effects on soil chemical and physical properties in a semiarid steppe of Inner Mongolia (P. R. China). Geoderma, 143 (1-2): 63-72.

Sternberg M, Gutman M, Perevolotsky A, et al. 2000. Vegetation response to grazing management in a Mediterranean herbaceous community: A functional group approach. Journal of Applied Ecology, 37 (2): 224-237.

Su Y Z. 2003. Soil properties and plant species in an age sequence of Caragana microphylla plantations in the Horqin Sandy Land, north China. Ecological Engineering, 20 (3): 223-235.

Su Y Z. 2007. Soil carbon and nitrogen sequestration following the conversion of cropland to alfalfa forage land in northwest China. Soil & Tillage Research, 92 (s 1-2): 181-189.

Su Y Z, Li Y L, Cui H Y, et al. 2005. Influences of continuous grazing and livestock exclusion on soil properties in a degraded sandy grassland, Inner Mongolia, northern China. Catena, 59 (3): 267-278.

Taddese G, Saleem M A M, Abyie A, et al. 2002. Impact of grazing on plant species richness, plant biomass, plant attribute, and soil physical and hydrological properties of vertisol in east African highlands. Environmental Management, 29 (2): 279-289.

Tanentzap A J, Coomes D A. 2012. Carbon storage in terrestrial ecosystems: Do browsing and grazing herbivores matter? Biological Review, 87 (1): 72-94.

Tang Z, Nan Z B. 2013. The potential of cropland soil carbon sequestration in the Loess Plateau, China. Mitigation and Adaptation Strategies for Global Change, 18 (7): 889-902.

Tiessen H, Cuevas E, Chacon P. 1994. The role of soil organic matter in sustaining soil fertility. Nature, 371 (6500): 783-785.

Trumper K, Bertzky M, Dickson B, et al. 2009. The Natural Fix? The Role of Ecosystems in Climate Mitigation. UNEP Rapid Response Assessment. Cambridge, UK: UNEP-WCMC.

USDA-FSA. 2013. Conservation Reserve Program. Anuual summary and enrollment statistics – FY 2013. http://www.usda.gov/wps/portal/usda/usdahome [2020-05-21].

van den Bygaart A J, Gregorich E G, Angers D A, et al. 2004. Uncertainty analysis of soil organic carbon stock change in Canadian cropland from 1991 to 2001. Global Change Biology, 10 (6): 983-994.

van der Wal R, Bardgett R D, Harrison K A, et al. 2004. Vertebrate herbivores and ecosystem control: Cascading effects of faeces on tundra ecosystems. Ecography, 27 (2): 242-252.

van Kleunen M, Weber E, Fischer M. 2010. A meta-analysis of trait differences between invasive and non-invasive plant species. Ecology Letters, 13 (2): 235-245.

Wang S P, Wilkes A, Zhang Z C, et al. 2011. Management and land use change effects on soil carbon in northern China' s grasslands: A synthesis. Agriculture, Ecosystem & Environment, 142 (3-4): 329-340.

Wang W Y, Wang Q J, Wang C Y, et al. 2005. The effect of land management on carbon and nitrogen status in plants and soils of alpine meadows on the Tibetan Plateau. Land Degradation & Development, 16 (5): 405-415.

Wang X G, Han J G. 2005. Recent grassland policies in China: An overview. Outlook on Agriculture, 34: 105-110.

Wang Y, Amundson R, Trumbore S. 1999. The impacts of land use change on C turn over in soils. Global Biogeochemical Cycles, 13 (1): 47-57.

Wang Y, Zhou G, Jia B. 2008. Modeling SOC and NPP responses of meadow steppe to different grazing intensities in Northeast China. Ecological Modelling, 217 (1-2): 72-78.

Ward S E, Bardgett R D, McNamara N P, et al. 2007. Long-term consequences of grazing and burning on northern peatland carbon dynamics. Ecosystems, 10 (7): 1069-1083.

Watkinson A R, Ormerod S J. 2001. Grasslands, grazing and biodiversity: Editors' introduction. Journal of Applied Ecology, 38 (38): 233-237.

Werth M, Brauckmann H J, Broll G, et al. 2005. Analysis and simulation of soil organic-carbon stocks in grassland ecosystems in SW Germany. Journal of Plant Nutrientión and Soil Science, 168 (4): 472-482.

Wesche K, Ronnenberg K, Retzer V, et al. 2010. Effects of large herbivore exclusion on southern Mongolian desert steppes. Acta Oecologica, 36 (2): 234-241.

West T O, Post W M. 2002. Soil organic carbon sequestration rates by tillage and crop rotation: A global data analysis. Soil Science Society of America Journal, 66 (6): 1930–1946.

White R, Murray S, Rohweder M. 2000. Pilot Analysis of Global Ecosystems: Grassland Ecosystems Technical Report. Washington D. C. : World Resources Institute.

Wienhold B J, Hendrickson J R, Karn J F. 2001. Pasture management influences on soil properties in the Northern Great Plains. Journal of Soil and Water Conservation, 56 (1): 27-31.

Wiesmeier M, Steffens M, Kolbl A, et al. 2009. Degradation and small-scale spatial homogenization of topsoils in intensively-grazed steppes of Northern China. Soil Tillage Research, 104 (2): 299-310.

Winter W, Mott J, McLean R, et al. 1989. Evaluation of management options for increasing the productivity of tropical savanna pasture, Ⅰ: Fertiliser. Australian Journal of Experimental Agriculture, 29 (5): 613-622.

Wright A L, Hons F M, Rouquette F M. 2004. Long-term management impacts on soil carbon and nitrogen dynamics of grazed bermudagrass pastures. Soil Biology & Biochemistry, 36 (11): 1809-1816.

Wu G L, Du G Z, Liu Z H, et al. 2009. Effect of fencing and grazing on a Kobresia-dominated meadow in the Qinghai-Tibetan Plateau. Plant and Soil, 319 (2): 115-126.

Wu G L, Liu Z H, Zhang L, et al. 2010. Long-term fencing improved soil properties and soil organic carbon storage in an alpine swamp meadow of western China. Plant and Soil, 332 (1): 331-337.

Wu H B, Guo Z T, Peng C H. 2003. Land use induced changes of organic carbon storage in soils of China. Global Change Biology, 9 (3): 305-315.

Wu L, He N P, Wang Y, et al. 2008. Storage and dynamics of carbon and nitrogen in soil after grazing exclusion in *Leymus chinensis* grasslands of northern China. Journal Environmental Quality, 37 (2): 663-668.

Wu X, Li Z S, Fu B J, et al. 2014. Restoration of ecosystem carbon and nitrogen storage and microbial biomass after grazing exclusion in semi-arid grasslands of Inner Mongolia. Ecological Engineering, 73 (73): 395-403.

Wu Z T, Dijkstra P, Koch G W, et al. 2011. Responses of terrestrial ecosystems to temperature and precipitation change: A meta-analysis of experimental manipulation. Global Change Biology, 17 (2): 927-942.

Xiao X, Zhang Q, Braswell B, et al. 2004. Modeling gross primary production of temperate deciduous broadleaf forest using satellite images and climate data. Remote Sensing of Environment, 91 (2): 256-270.

Xie Y, Wittig R. 2004. The impact of grazing intensity on soilcharacteristics of *Stipa grandis* and *Stipa bungeana* steppe in northern China (autonomous region of Ningxia). Acta Oecologica, 25 (3): 197-204.

Xie Z B, Zhu J G, Liu G, et al. 2007. Soil organic carbon stocks in China and changes from 1980s to 2000s. Global Change Biology, 13 (9): 1989-2007.

Xu Z R, Cheng S K, Zhen L, et al. 2013. Impacts of dung combustion on the carbon cycle of alpine grassland of the North Tibetan Plateau. Environmental Management, 52 (2): 441-449.

Yang Y H, Fang J Y, Tang Y H, et al. 2008. Storage, patterns and controls of soil organic carbon in the Tibetan grasslands. Global Change Biology, 14 (7): 1592-1599.

Yang Y H, Fang J Y, Pan Y D, et al. 2009. Aboveground biomass in Tibetan grasslands. J Arid Environ, 73 (1): 91-95.

Yang Y H, Fang J Y, Ma W H, et al. 2010a. Soil carbon stock and its changes in northern China's grasslands from 1980s to 2000s. Global Change Biology, 16 (11): 3036-3047.

Yang Y H, Fang J Y, Ma W H, et al. 2010b. Large- scale pattern of biomass partitioning across China's grasslands. Global Ecology and Biogeography, 19 (2): 268-277.

Young C E, Osborn C T. 1990. Costs and benefits of the Conservation Reserve Program. Journal of Soil & Water Conservation, 45 (3): 370-373.

Yu G R, Chen Z, Piao S L, et al. 2014. High carbon dioxide uptake by subtropical forest ecosystems in the East Asian monsoon region. Proceedings of the National Academy of Sciences of the United States of America, 111 (13): 4910-4915.

Zhang K, Dang H, Tan S, et al. 2010. Change in soilorganic carbon following the 'Grain for Green' Program in China. Land Degradation and Development, 21 (1): 13-23.

Zhang W. 1998. Changes in species diversity and canopy cover in steppe vegetation in Inner Mongolia under protection from grazing. Biodiversity and Conservation, 7 (10): 1365-1381.

Zhang X Q, Xu D. 2003. Potential carbon sequestration in China's forests. Environmental Science & Policy, 6 (5): 421-432.

Zhao F Z, Chen S F, Han X H, et al. 2013. Policy- guided nationwide ecological recovery: Soil carbon sequestration changes associated with the Grain- to- Green Program in China. Soil Science, 178 (10): 550-555.

Zhao H L, Zhou R L, Su Y Z, et al. 2007. Shrub facilitation of desert land restoration in the Horqin Sand Land of Inner Mongolia. Ecological Engineering, 31 (1): 1-8.

Zhao L P, Su J S, Wu G L, et al. 2011. Long-term effects of grazing exclusion on aboveground and belowground plant species diversity in a steppe of the Loess Plateau, China. Plant Ecology and Evolution, 144 (3): 313-320.

Zhao W Z, Xiao H L, Liu Z M, et al. 2005. Soil degradation and restoration as affected by land use change in the semiarid Bashang area, northern China. Catena, 59 (2): 173-186.

Zhou H K, Zhao X Q, Tang Y H, et al. 2005. Alpine grassland degradation and its control in the source region of the Yangtze and Yellow Rivers, China. Grassland Science, 51 (3): 191-203.

Zhou Z Y, Sun O J, Huang J, et al. 2007. Soil carbon and nitrogen stores and storage potential as affected by land-use in an agro-pastoral ecotone of northern China. Biogeochemistry, 82 (2): 127-138.

Zhu X P, Jia H T, Jiang P A, et al. 2012. Effects of enclosure on plant diversity and community characteristics in pasture of Middle Tianshan Mountain. Pratacultural Science, 29 (6): 989-992.